碳预算制度体系研究

国际案例与中国方案

王文军　傅崇辉　等　著

科学出版社

北京

内 容 简 介

随着全球向零碳社会转型步伐加快，可再生能源占比不断提升，碳市场规模日益增大，以能源消费为管理目标的制度已经不能完全满足和适应当前经济社会发展需要，碳排放总量管理被提上日程。碳预算作为被大多数国家采用的碳排放总量管理制度，引起了国内政府和学者的关注。在此背景下，本书主要回答三个问题：第一，国际碳预算制度能为中国开展碳排放总量管理提供哪些经验之道；第二，应如何构建适应地方特色和发展需求的碳预算制度体系实践框架；第三，如何设计碳预算研究方案和开发相关工具，确保其科学性、合理性和可操作性。

本书不仅可为政府决策者在制定和实施碳预算制度方面提供理论支持与实践指导，也可为广大科研人员、管理者以及大专院校师生在绿色低碳领域的研究和学习提供参考。通过深入研究和案例分析，本书旨在为推动中国碳排放双控制度的建立和完善贡献力量。

图书在版编目（CIP）数据

碳预算制度体系研究：国际案例与中国方案 / 王文军等著. -- 北京：科学出版社, 2025.7. -- ISBN 978-7-03-082348-9

Ⅰ. X511

中国国家版本馆CIP数据核字第2025A8A435号

责任编辑：张　菊　祁惠惠 / 责任校对：樊雅琼
责任印制：徐晓晨 / 封面设计：无极书装

科学出版社 出版

北京东黄城根北街16号
邮政编码：100717
http://www.sciencep.com

北京九州迅驰传媒文化有限公司印刷
科学出版社发行　各地新华书店经销

*

2025年7月第　一　版　开本：787×1092 1/16
2025年7月第一次印刷　印张：12 1/2
字数：300 000

定价：168.00元

（如有印装质量问题，我社负责调换）

撰写组成员

王文军　中国科学院广州能源研究所 研究员

谢鹏程　中国科学院广州能源研究所 高级工程师

赵栩婕　中国科学院广州能源研究所 研究助理

薄雅婕　中国科学院广州能源研究所 研究助理

赵黛青　中国科学院广州能源研究所 资深研究员

傅崇辉　深圳市云天统计科学研究所 / 广东医科大学 教授

黄辉泉　中国科学技术大学能源科学与技术学院 硕士研究生

张先得　中国科学技术大学能源科学与技术学院 硕士研究生

李帅威　沈阳化工大学经济与管理学院 硕士研究生

潘　　峰　广东电网有限责任公司计量中心 教授级高级工程师

杨雨瑶　广东电网有限责任公司计量中心 工程师

前　　言

　　碳预算制度是在全球应对气候变化背景下产生的。政府间气候变化专门委员会（Intergovernmental Panel on Climate Change，IPCC）发布历次科学报告已经确认，人类活动产生的温室气体排放是气候变暖的主要原因（高置信度）。为积极应对气候变化导致的全球变暖，198 个缔约方共同签署了被认为是冷战结束后最重要的国际公约之一——《联合国气候变化框架公约》（简称《公约》），旨在将大气中温室气体的浓度稳定在防止气候系统受到危险的人为干扰的水平上。在《公约》框架下，国际社会签订了两个具有法定约束力的条约：《京都议定书》和《巴黎协定》。《京都议定书》首次以国际法形式对发达国家的温室气体排放任务制定了具体目标，要求《公约》附件一缔约方（以发达国家为主）在 2008~2012 年将温室气体排放量削减至 1990 年排放量的 5.2% 以下；《巴黎协定》通过各国提交国家自主贡献（NDC）目标的方式进行全球合作减碳管理。为跟踪减碳进展，国际科学合作组织"全球碳计划"从 2006 年起每年发布一次《全球碳预算报告》，对全球气候目标下的碳排放空间使用和剩余进行盘点；联合国环境规划署自 2010 年起每年在联合国气候变化大会召开前发布《碳排放差距报告》，公布全球碳排放量与国家自主减排承诺之间的差距。在全球碳排放总量管理目标下，英国率先建立起国家碳预算制度，法国、德国随后也建立起本国的碳预算制度。

　　目前，国内外对碳预算的研究非常丰富。来自气象科学、政治学、经济学等不同领域的专家，从不同尺度对此进行深入研究。

　　在气象科学领域，主要研究碳排放与大气升温的关系，如 IPCC 第一工作组采用全复杂地球系统模型对辐射强迫、温室气体浓度、气候变化进行评估，展示了温室气体排放量与大气升温的对应关系，为全球碳排放总量管理奠定了坚实的科学基础；但 IPCC 使用的模型调用数据庞杂、尺度大，且运行成本高昂，不适合在国家或城市尺度开展碳排放总量研究。牛津大学的 Richard Millar、Zeb Nicholls 和 Myles Allen 联合开发的 FaIR 简单气候模型建立了碳循环、辐射强迫和温度响应之间的关系，其中碳循环模块适合更小空间尺度的碳排放总量估算。在气候科学模型支撑下，大量研究讨论了碳预算估算方法，主要从人为碳排放总量、部门排放贡献、碳汇（包括海洋碳汇和陆地碳汇）影响等方面构建工具，在全球和国家层面评估碳减排目标实现的可能性、不确定性及剩余预算。

在政治学领域，如何在碳排放总量约束下公正开展碳预算分配是一个重要议题，贯穿全球气候谈判过程。各国政府和学者基于不同理念与本国国家利益，提出了多种碳预算分配方案，其中比较有影响力的是基于对温度变化的贡献进行排放权分配的巴西案文和人均排放权分配，这些方案的部分内容被《京都议定书》所采纳，成为国际气候制度的一部分。随着后京都议程的展开，国际社会对未来气候制度如何构建提出了更新的分配方案，IPCC第三工作组第四次评估报告对此进行了专门的介绍。由于国际社会对减碳义务分摊难以达成共识，《京都议定书》到期后迟迟没有达成新的国际减排方案，《巴黎协定》不再延续《京都议定书》规定强制减排义务的做法，改为各国根据自身的能力和减排战略制定NDC。有学者将各国提交的NDC与基于"气候正义"的全球碳预算分配方案进行了对比，评估NDC的合理性和公平性，提出"以实现可持续发展目标的程度"为标准分配各国碳预算的建议。

在经济学领域，碳预算对经济社会的影响备受关注，学者们构建或改进了多个模型评估减碳目标对宏观经济或产业部门的影响，如Shared Socioeconomic Pathways（SSPs）、CGE、Carnegie-Ames-Stanford（CASA）、E3ME等模型，通过情景设置、排放轨迹模拟，评估土地利用变化、人口增长、人均碳排放、技术变化和碳市场对碳预算的影响。随着新经济的兴起，有关可再生能源和数字经济对碳预算的影响研究开始出现。模型结果在很大程度上受以下四个方面的影响：第一，对碳减排目标下的预算情景假设不同；第二，不同的减排路径设计；第三，对技术和产业发展的趋势判断不同，包括新技术研发、使用和技术扩散与转移；第四，气候政策不同带来的社会成本效益差异。

碳预算概念起源于生态学，是指在特定时期和区域内生态系统的碳排放和吸收量。从以上研究可知，在国际气候治理领域，碳预算并非对生态系统碳排放和吸收量进行全面管理，而是对特定时期和区域内人为排放与吸收的温室气体进行有计划的管理活动，通过计算和模拟碳排放源与汇的相互作用、碳排放与温升的关系，可以估算既定排放目标下的碳预算总量。因此，在编制碳预算之前，首先需要采取合适的工具和方法对碳排放源与汇进行测算和情景分析。对全球尺度的碳预算，主要采用气候科学的复杂地球系统模型开展研究，涉及碳循环–温室气体浓度–温升之间的复杂响应关系，"不确定性"是全球碳预算不可忽视的问题；国家碳预算实质是全球碳预算下的国家减碳责任分摊，由于各国对分配标准难以达成共识，《巴黎协定》提出采取NDC方式分摊全球碳预算，但效果并不理想，2021~2022年全球温室气体排放量增加了1.2%，由此可见，解决好分配问题是实现全球碳预算的核心之一，也是减少不确定性的关键。减碳对经济社会的影响备受关注，相关研究极其丰富，其中E3ME模型已被多个国家应用于评估碳预算对经济社会的影响。全球碳预算的研究和实施为国家碳预算建设提供了制度基础与科学工具，但国家层级的碳预算制度建设需要考虑更为细致具体的问题，如碳预算总量与NDC的关系，以及碳预算制度与其他节能减碳管理机制的衔接等。本书共八章，内容包括国内外学界有关碳预算制度研究的文献梳理、国际碳预算制度架构与内容深度剖析、国际碳预算制度实践的中国适用性分析、广东碳预算制度框架搭建、广东碳预算方案编制设计、碳预算方案编制的工具开发、案例城市的碳预算方案编制模拟、政策建议。

本书由中国科学院广州能源研究所能源战略与碳资产研究中心负责完成。责任作者如下：中国科学院广州能源研究所王文军研究员、谢鹏程高级工程师、赵栩婕研究助理、薄雅婕研究助理、赵黛青资深研究员；深圳市云天统计科学研究所/广东医科大学傅崇辉教授；中国科学技术大学硕士研究生黄辉泉、张先得；沈阳化工大学硕士研究生李帅威；广东电网公司计量中心潘峰教授级高级工程师、杨雨瑶工程师。王文军承担了本书主体写作，赵栩婕和黄辉泉负责碳预算国际经验部分；傅崇辉负责碳预算编制工具和方法构建，谢鹏程、赵栩婕、薄雅婕、黄辉泉和张先得参与；潘峰、杨雨瑶参与省级碳预算管理制度建设思路与框架设计研究；李帅威负责资料与数据收集；薄雅婕负责本书的统稿和校对；赵黛青提供智力支持。本书出版得到能源基金会"广东省碳排放总量长效动态管理制度研究与案例分析"项目的资助，在编写过程中得到了能源基金会低碳转型项目主任杜譞博士与项目主管余岚女士、中国社会科学院生态文明研究所庄贵阳研究员与陈迎研究员、国家节能中心王侃处长、国务院发展研究中心生态文明研究所能源研究室洪涛主任、广东省发展和改革委员会学术办公室何炜副主任等专家的大力支持，与他们的交流讨论引发了我们更加深入的思考，经迁思回虑后，采摭群言，融汇百家之长，完成此稿。由于作者水平有限，加上时间仓促，本书难免存在不足之处，敬请读者批评指正。

作　者

2025 年 1 月 11 日

|目　　录|

第1章 英国碳预算制度架构与内容

英国碳预算自 2008 年开始执行，每五年为一个执行周期，每年发布碳预算进展评估报告，根据评估结果对下一个周期的碳预算方案进行更新。目前已完成第 6 期碳预算（2033~2037 年）的方案编制。基于英国 1~6 期碳预算方案，梳理总结出碳预算编制要点，具体如下。

1.1 碳预算在英国气候治理体系中的坐标

《京都议定书》第一承诺期开始后，英国将碳预算与财政管理制度结合，将《京都议定书》规定的英国碳减排目标通过碳预算方式进行管理。2008 年 11 月，英国《气候变化法》（*Climate Change Act*，CCA）正式生效实施，提出到 2050 年，将英国的碳排放量在 1990 年的基础上削减 80%，随后，英国对《气候变化法》进行修订并于 2019 年 6 月生效，正式确立到 2050 年实现温室气体"净零排放"，即实现碳中和的目标。碳预算是《气候变化法》中的核心条款，为英国长期减排目标（2050 年实现碳中和）制定短期行动方案，设定具有法律约束力的一系列五年温室气体排放上限，是度量长期减排目标实现程度的阶段性里程碑。

《气候变化法》为英国气候减缓和适应行动提供了一个总体框架，从法律层面规定英国减少温室气体排放的 2050 年目标，制定长期目标实现路径（碳预算），发布实现路径的政策需求，建立监管框架 [如成立独立咨询机构——气候变化委员会（Climate Change Committee，CCC）]，要求英国政府制定次级立法，在已有的碳排放指标贸易的基础上设立全新的英国碳排放交易体制，通过市场机制控制碳排放总量和减排，但对于排放贸易制度的具体内容与运行规则没有规定。

碳预算制度在英国气候治理体系中的制度坐标如图 1-1 所示。碳预算制度与排放贸易制度均属于《气候变化法》的内容，碳预算制度类似欧洲碳排放交易制度（EU ETS）中的"Cap"，排放贸易制度类似 EU ETS 中的"Trade"，两个制度共同服务于长期减排目标。2020 年英国脱欧，建立独立的本国碳排放交易市场成为其脱欧后的重点之一。为了更快地实现其减排目标，2020 年 6 月 1 日，苏格兰政府、英格兰政府、威尔士政府和北爱尔兰行政部门联合宣布建立英国碳排放交易制度（UK ETS）。该制度于2021年1月1日正式生效，取代以往的 EU ETS 成为英国主导的碳排放交易制度。碳预算与排放贸易的联系越来越紧密，2023年7月3日，英国排放交易计划管理局宣布了一系列改革计划，这一系列改革计划将从2026年起扩大到国内海运部门，从2028年起，还将纳入与废物焚烧等相关的能源部门，与《碳预算方案》《碳预算执行计划》《净零战略：更环保地重建》的管理范围、管理力度吻合度较高。2020年11月，英国首相公布涵盖清洁能源、交通等多个行业领域的《绿色工业革命十点计划》，随后英国以收紧碳配额的方式加快推进净零排放，这是其实现应对气候变化承诺的重要举措，也是其实现碳中和目标的关键一步。《气候变化法》规范的温室气体交易主要是英国国内的交易，不适用于根据欧盟碳交易计划和《京都议定书》的三大机制（国际排放交易机制、清洁发展、联合履约机制）进行的交易，也不适用英国在《巴黎协定》下编制的英国国家自主贡献（UK NDC）。

英国国家自主贡献是英国提交给《联合国气候变化框架公约》的秘书处（UNFCCC）的国家自主减排承诺目标，是英国承担的国际减排任务。第5期碳预算（2028~2032年）与 UK NDC 的区别在于，第5期碳预算（2028~2032年）是英国制定的本国减排目标，服务于国家减排战略；UK NDC 阶段性减排目标设定可能有所不同，比如，在 UK NDC 中，英国承诺到2030年碳排放量比1990年减少68%，而第5期碳预算（2028~2032年）中，英国计划2032年碳排放量比1990年减少57%，显然 UK NDC 是一个比第5期碳预算（2028~2032年）更严格的目标，但从长期看，两者目标是一致的。

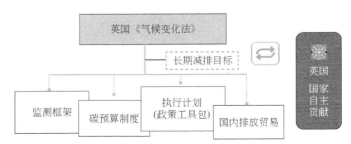

图 1-1　碳预算制度在英国气候治理体系中的制度坐标

资料来源：本研究根据英国《气候变化法》及碳预算相关报告绘制

1.2　碳预算制度组织架构

英国碳预算制度由议会审批，政府部门和第三方独立机构协作执行，组织架构如图1-2所示。英国商业、能源和工业战略部[①]（Department for Business, Energy & Industrial

---

[①]　英国商业、能源和工业战略部在2023年被拆分为商业和贸易部（Department for Business and Trade, DBT）、能源安全和净零排放部（Department for Energy Security & Net Zero, DESNZ）及科学、创新和技术部（Department for Science, Innovation and Technology, DSIT）。

Strategy，BEIS）下属的能源安全和净零排放部（Department for Energy Security & Net Zero，DESNZ）负责公布年度碳排放数据、碳预算执行计划、低碳发展战略，以及对气候变化委员会提交的年度进展报告进行政府回应。作为决策者和行动的推动者，能源安全和净零排放部对预算目标的最终实现承担直接的政治责任。

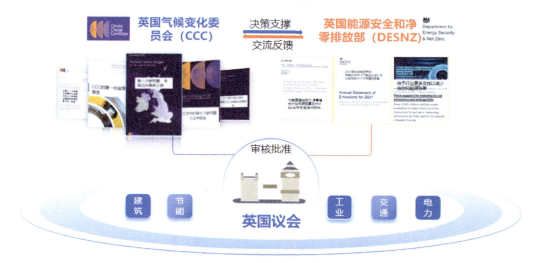

图 1-2　英国碳预算组织架构图

英国气候变化委员会是第三方独立机构，非执行机构，其以研究报告的方式负责向英国议会和政府提供与气候变化相关的科学咨询及政策建议，并公布与首相、议会、政府之间的重要往来信件，包括碳预算目标、配套政策、经济与市场的变化、减碳风险等，并监督政府气候行动的进展情况。英国气候变化委员会包含减缓和适应两个下属委员会，减缓委员会需每年评估碳减排进展，而适应委员会需每两年评估适应气候变化进展。英国气候变化委员会的报告可分为三个类别，前两个为英国气候变化委员会法定职责需颁布的报告，而后一个则是气候变化委员会非法定职责发布的报告。

（1）碳预算方案：提出关于排放目标和气候风险的建议（5年周期），如预算水平（短期目标）、长期目标建议、气候变化风险评估；

（2）进展报告：碳减排进展（一年一次）、适应气候变化进展报告（两年一次）；

（3）非法定职责报告：行业与技术报告、政策报告、问题及影响报告。

在英国气候治理中，气候变化委员会在技术层面负责碳预算建议方案。

1.3　碳预算编制流程

英国碳预算编制流程如图 1-3 所示，首先由英国气候变化委员会在充分调研和科学分析基础上，以英国长期减排为目标，向政府提出以五年为一周期的碳预算目标、减排路径、经济影响评估报告及建议，由英国商业、能源和工业战略部下属的能源安全和净零排放部选择一个合理的碳预算执行路径（Delivery Pathway），该路径仅是一个指导性的温室气体减排轨迹，为政府完成减排目标提供行动参考。在选择执行路径过程中，能源安全和净零排放部会召集行业部门（如交通、能源、电力等部门）进行讨论，行业部门会考虑技术可行性及减排能力等因素，提出各自的减排路径及目标，而政府各部门会评估经济影响、财政成本等要素，经过多轮磋商，直到各方意见基本达成一致且减排目标符合碳预算方案，然后提交内阁审议，如果碳预算方案获得政府批准，就会成为正式的法定碳预算。接下来，各部门会制定详细的行动计划与路线图，设立监测机制，以确保各行业和地方能够实现减排目标，由英国气候变化委员会负责开展每年碳预算进展评估，提出调整建议，提交进展评估报告给议会，并将评估结果通过邮件送达首相。

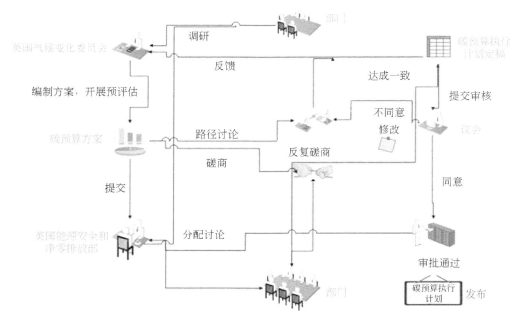

图 1-3　英国碳预算编制流程图

资料来源：本研究绘制

《气候变化法》规定了设定"碳预算"要考虑的几个因素：①碳预算必须着眼于实现 2050 年目标；②对气候变化的科学性认识；③欧盟及国际层面对减排目标所达成的共识；④国内行业自下而上的减排可行性分析，包括技术可行性、成本最优分析及政策保障；⑤国内经济影响，包括财政公共支出和债务、劳动力就业率、GDP 变动、行业国际竞争力变化、低碳行业的潜在机会等；⑥考虑不同地方政府（英国有三个地方政府：北爱尔兰、苏格兰和威尔士，各自拥有不同的权力和政策范围）的差异，某些领域（如农业和林业、交通和住房）由地方政府管辖，而其他领域（如能源供应和贸易）仍由英国联邦政府管辖。英国气候变化委员会分别为威尔士、苏格兰和北爱尔兰提供建议。

1.4 碳预算制度体系架构与内容构成

英国碳预算作为英国《气候变化法》的重要构成之一，由"2+1+N"制度体系构成，其中"2"是指两份评估报告：碳预算方案报告和碳预算年度进展评估报告，主要作用是分别通过预评估、过程评估对英国减碳行动进行科学分析，提出碳预算目标、预测减排路径及风险，以及开展影响评估和成效评估等，是英国碳预算制度体系的科学基础部分，政府在此基础上制定碳预算执行计划。

"1"是指碳预算执行计划，是英国能源安全和净零排放部在英国气候变化委员会提交的碳预算方案基础上制定的碳预算实施方案，包括一揽子政策和行动，由定量指标和定性措施组成。

"N"是指支撑以上报告和计划的技术报告、政策文件，如系列碳预算方法学报告，《英国工业深度脱碳路径》《碳预算经济影响评估报告》《碳预算政策研究报告》《零碳之旅》等。

图 1-4 为英国碳预算制度体系架构流程图。以下对"2+1"制度内容进行概述，以《零碳之旅》为例介绍 N 个支撑报告与"2"和"1"之间的关系。

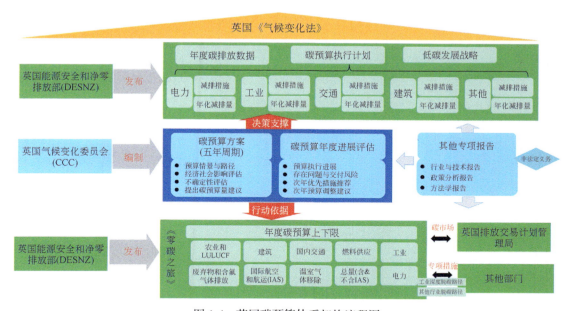

图 1-4 英国碳预算体系架构流程图

注：LULUCF 指土地利用、土地利用变化与林业

资料来源：本研究绘制

1.4.1 碳预算方案的内容构成

以英国气候变化委员会在 2020 年 12 月发布的《第六次碳预算：英国迈向零碳之路》为例，碳预算方案报告主体由四个部分构成。

1.4.1.1 情景和路径分析

基于"自上而下"和"自下而上"相结合的情景分析法,对如何实现第六次碳预算目标(要求从 1990 年到 2035 年减少 78%,相对于 2019 年减少 63%) 进行了描述和评估，每个行业减排情景都使用一组关于未来的共同假设,包括经济增长率、人口增长和能源价格等经济和人口因素。行业减排情景包括现状描述、减排路径、减排措施部署时间表、关键减排措施推荐等，以及到 2050 年实现净零排放的不同路径、不同脱碳方案的贡献、关键政策点、不确定性等;从地区和行业两个维度进行了净零排放的路径分析,行业包括交通、建筑、制造业、电力生产、燃料供应、农业和土地利用、航空、航运等,地区包括威尔士、苏格兰和北爱尔兰。图 1-5 展示了净零排放路径下各部门的排放路径;由图 1-6 可见,要实现净零排放,所有行业碳排放必须以比过去 30 年更快的速率下降。

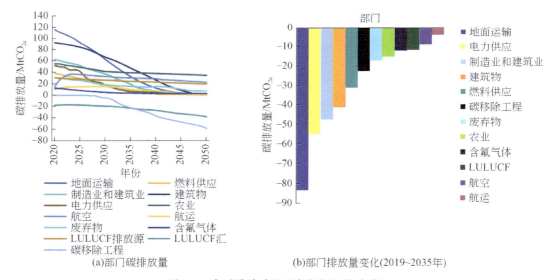

(a)部门碳排放量　(b)部门排放量变化(2019~2035年)

图 1-5 净零排放路径下各部门的排放路径

注：根据《第六次碳预算：英国迈向零碳之路》整理绘制。下标 e 表示当量。下同

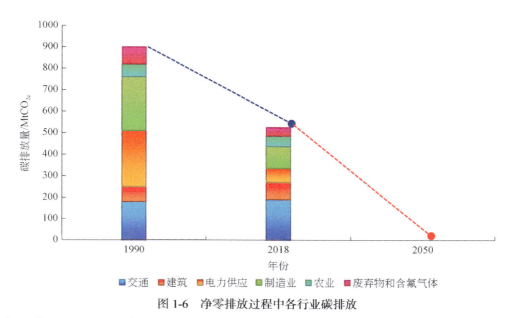

图 1-6　净零排放过程中各行业碳排放

资料来源：① BEIS. 2020. 2019 年英国温室气体排放临时国家统计数据；②英国气候变化委员会分析；③ 2050 年净排放将要求任何剩余排放被英国使用汇和温室气体清除来抵消

1.4.1.2　碳预算影响预评估

碳预算影响评估内容主要包括实施预算所需要的投资、成本和收益；从宏观经济影响、就业岗位、公正转型、产业竞争力、燃料供应、能源价格和其他居住成本、财政负担等经济社会维度对碳预算进行预评估。由于净零排放路径选择不同，不同脱碳方案的经济社会影响和成本也是不同的，为政府选择碳预算方案提供了依据。以成本分析为例，《第六次碳预算：英国迈向零碳之路》报告提到，净零转型将是资本密集型的，因为许多低碳技术具有较高的前期投资成本，但持续运营成本较低；而即将被取代的"高碳"技术，具有较高的持续成本，技术替代所需的前期投资和节省的运营成本相结合将带来整个社会成本和结构的改变。表 1-1 展示了 2035 年分行业或措施的平均减排成本。

表 1-1　2035 年分行业或措施的平均减排成本

行业或措施	减排成本 / （英镑 /tCO₂e）		行业或措施	减排成本 / （英镑 /tCO₂e）	
	2035 年	2050 年		2035 年	2050 年
电力供应	55	−50	航运	135	180
各类可再生能源	−80	−85	农业	−60	−60
低碳电力	45	45	谷物和土壤	−730*	−525*
安装了 CCS 的可调度电力	130	130	牲畜	−110	−185

续表

行业或措施	减排成本 /（英镑 /tCO₂ₑ）		行业或措施	减排成本 /（英镑 /tCO₂ₑ）	
	2035 年	2050 年		2035 年	2050 年
居民住宅	140	185	机械化	225	75
现有住宅：行为改变	−60	−55	废弃物管理	−170	−305*
现有住宅：低碳热力供应	230	220	LULUCF 碳排放	−10	−10
新型住宅：能效提升和低碳热力供应	135	145	LULUCF 碳吸收	125	130
非居民住宅	175	170	废弃物	30	70
制造业和建筑业	65	80	陆路交通	−20	−65
料燃供应	70	65	小汽车和厢式车	−10	−65
生物质	65	60	铁路和公共交通	−710*	−625*
CCUS	160	180	重型货车	90	115
电气化	90	125	航空	−45	−45
碳移除工程	105	100	能效提升，混合动力	−530*	−275*
生物能源与 CCS	75~150	50~160	低碳燃料	115	110
CCS 直接空气捕获	170~240	120~180	含氟气体	−5	−1

* 一些提高效率的行业或措施可以节省资金并产生少量的减排；这意味着减排 1tCO₂ₑ 的价格将大幅下跌

1.4.1.3 碳预算对 UK NDC 的贡献预评估和气候科学变化进展

详细说明《巴黎气候协定》及 UK NDC 的要求及其与第六次碳预算的关系，将 UK NDC 提出的减排"雄心"计划纳入碳预算情景设计，是碳预算目标设定的关键原则之一。跟踪联合国政府间气候变化委员会关于气候变化中的海洋、冰冻圈和陆地气候变化的最新研究报告，以深化对气候变化的理解；全球碳预算的减排路径为英国碳预算报告编写提供了参考；报告提出了长寿命温室气体和短寿命温室气体的减排策略及适应气候变化，以及航空业非二氧化碳排放对增温的影响。

图 1-7 代表在本书考虑的探索性情景下，英国航空业非二氧化碳排放造成的气候变暖的中位数估计。这些是相对于 2018 年的水平表示的，并基于 Lee 等（2020）的变暖当量排放指标。航空业产生的非二氧化碳变暖效应的绝对规模存在很大的不确定性，但预计各情景之间的相对变化将更为强劲。在这些情景下，英国航空业客运需求增长（2050 年相对于 2018 年）的情景为：平衡的净零排放的路径 = +25%（没有净机场扩建），逆风的路径 = +25%，广泛共识的路径 = −15%，广泛创新的路径 = +50%，顺风的路径 = −15%，基准线 = +64%。

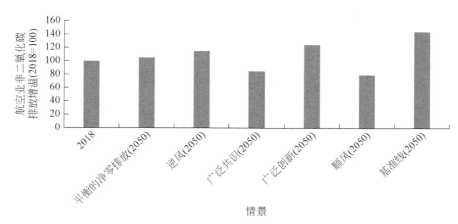

图 1-7 英国航空业非二氧化碳排放对增温的影响（2050 年相对 2018 年的变化）

1.4.1.4 基于以上分析给出的建议

这部分是整个方案的总结与核心，包括六期碳预算水平和相较于 1990 年碳排放水平的下降比例（表 1-2）、英国到 2030 年 NDC 水平（即碳预算与 NDC 目标的衔接）、现有碳预算执行贡献，以及贸易部门排放和英国碳排放交易制度（UK ETS）配额上限（表 1-3），以及下一步建议（净零排放计划和进展监测）。图 1-8 展示了第 6 期碳预算水平的建议及其与前几期碳预算水平、净零碳排放路径的关系。

表 1-2　英国六期碳预算的碳排放空间

预算期	时间跨度	碳预算 5 年总量（年均碳预算量）/MtCO₂ₑ	相较 1990 年碳排放量 /%
CB1	2008~2012 年	3018（604）	−23
CB2	2013~2017 年	2782（556）	−29
CB3	2018~2022 年	2544（509）	−35
CB4	2023~2027 年	1950（390）	−50
CB5	2028~2032 年	1752（350）	−57
CB6	2033~2037 年	965（193）	−78

资料来源：英国政府公布的《净零增长计划和碳预算执行计划》

表 1-3　基于碳预算的 UK ETS 配额上限（2023~2030 年）　（单位：MtCO₂ₑ）

行业	2023 年	2024 年	2025 年	2026 年	2027 年	2028 年	2029 年	2030 年
电力供应	39	39	36	26	21	18	16	14
工业（制造业、建筑和燃料供应）	57	55	52	48	45	42	38	34
国内和国际－欧盟航空	10	10	10	10	10	10	9	9
建议的 UK ETS 排放上限	106	104	98	84	76	70	64	57
碳移除工程	0	0	0	0	−1	−1	−4	−5

注：碳移除工程量不包含在 UK ETS 配额上限中

资料来源：英国气候变化委员会分析

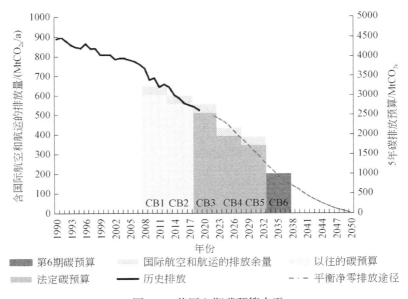

图 1-8　英国六期碳预算水平

资料来源：《第六次碳预算：英国迈向零碳之路》

政府已提议建立英国碳排放交易制度（UK ETS），并承诺就使其上限与净零排放保持一致进行讨论。碳预算方案报告提出了基于实际排放量、非碳市场配额量的碳预算计算方法，该方法包括英国的温室气体清除量，但不考虑潜在的碳排放跨境交易。报告重申碳排放交易体系和更广泛的碳定价仍然是实现向净零排放过渡的重要工具。报告列出的途径为设定净零排放的上限提供了基础。图 1-9 展示了英国碳排放交易制度与英国碳预算方案覆盖范围：假设英国碳排放交易制度排放交易所涵盖的排放范围（"交易行业"）与目前欧洲碳排放交易制度下的排放范围保持一致，考虑到工程温室气体清除（GGR）在欧洲碳排放交易制度已经覆盖的行业（如发电、工业和氢气生产）的潜力，英国碳排放交易制度的上限应以平衡净零排放途径为基础。

1.4.2　碳预算年度进展评估报告的内容构成

根据英国《气候变化法》要求，碳预算执行实施后应该每年进行碳预算进展评估，并提交进展评估报告。碳预算年度进展评估报告会简要介绍全球气候变化和国际气候行动进展，重点聚焦英国碳预算执行计划的执行情况进行全面评估和分行业评估，并将评估结果分别提交给内阁和政府分管部门。以英国气候变化委员会于 2023 年 6 月提交给英国议会的《2023 减排进展》为例进行内容介绍。

《2023 减排进展》报告分别从宏观进展、陆路交通、建筑、工业、电力供应、燃料供应、农业和土地利用、航空、航运、废弃物处理、含氟气体排放、二氧化碳捕获和封存与碳移除工程、减排行动进行进展评估。评估主要包括六个部分。

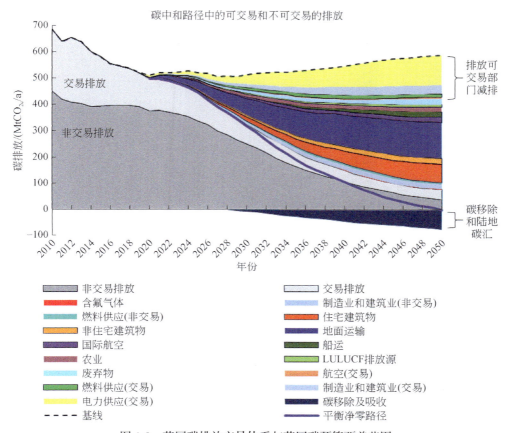

图 1-9　英国碳排放交易体系与英国碳预算覆盖范围

注：制造业、建筑业，以及燃料供应的交易行业减排量按交易排放量和非交易排放量分列计算。在这张图表中，工程碳移除被计入交易行业

资料来源：BEIS. 2020. 2019 年英国温室气体排放临时统计数据；英国气候变化委员会分析

1.4.2.1　全国和分行业的年度减排进展状况

《2023 减排进展》展示了全国层面历年碳排放与未来减碳需求（图 1-10），同时也披露了关键行业的排放变化情况（图 1-11）。

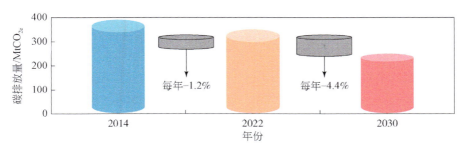

图 1-10　历史碳排放变化与未来减碳需求（不含电力供应、航空和航运）

资料来源：《2023 减排进展》报告

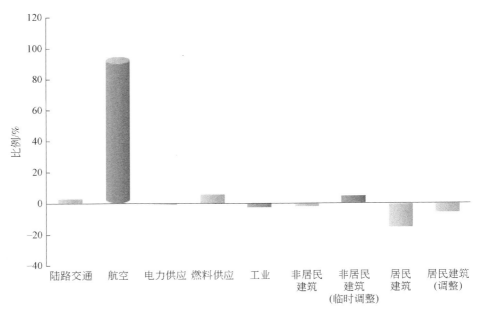

图 1-11　英国关键行业的排放变化情况（2021~2022 年）

资料来源：《2023 减排进展》报告

1.4.2.2　进度（偏离）及原因分析

通过表格的方式对关键行业的减排进展情况进行总结（表 1-4）。对出现明显偏离路径的情况进行分析。摘要如下。

（1）陆路交通。纯电小汽车销售量的继续增长未偏离轨道，而纯电厢式货车销售量仍然落后，并且显著偏离轨道。这令人担忧，因为货车流量也在快速增加，已经超过预期。

（2）电力供应。可再生电力在 2022 年有所增加，但没有达到政府的延伸目标所需的速度，特别是太阳能部署。鉴于交货时间较短，快速部署陆上风电和太阳能光伏发电可能有助于减轻在化石燃料危机期间对进口天然气的依赖。

（3）建筑。政府计划到 2028 年将热泵安装市场扩大到 60 万台，但目前的安装速度约为目标的九分之一，而且增长速度还不够快。能效提升设施的安装率继续低于必要水平，并在 2022 年进一步下降。

（4）电价。政府决定将政策成本从电价中剔除，作为对能源账单的财政支持的一部分，这意味着电力与天然气价格比有所下降。现在至关重要的是永久性的改善这一点。英国政府已在气候变化税调整和能源价格上限下调方面取得进展，朝着电力和天然气价格再平衡的目标迈进。然而，全面实现价格再平衡仍需进一步的政策改革和市场机制调整。

（5）土地利用。植树率持续下降，并没有按所需的速度增长。到 2025 年，政府要达到每年新建 3 万 hm^2 林地的目标。2022 年，泥炭地恢复率略有上升，但仍低于建议的恢复率。

（6）农业。尽管没有政策支持畜牧业的发展，但其数量仍在正轨上，肉类消费量也处于正常水平，但肉类供应情况的数据却不那么明确，因此需要进一步的政策干预来调整饮食结构。

（7）工业。由于数据不足，该行业的进展难以跟踪，但大多数可用指标已偏离轨道。建议政府审查、投资和改革工业脱碳数据的收集和报告。

表 1-4　关键行业的进展总结

陆路交通	能源供应	建筑	工业	农业和土地利用
纯电小汽车销售量（G）	电网储能（G）	电力与天然气价格比（G）	工业中生物能源使用（G）	牲畜数量（G）
电池价格（O）	分布式低碳电力（G）	绿色政府承诺（G）	工业电气化程度（O）	牲畜出口（G）
汽油/柴油小汽车渗透率（O）	海上风电（O）	低碳热力供应比例（O）	每单位工业增加值能耗（O）	食物浪费（G）
汽油/柴油厢式货车渗透率（O）	陆上风电（O）	能效提升措施（R）	私营部门的目标（R）	林场管理（O）
汽车公里数（O）	无减碳处理的天然气（O）	热泵装置数量（R）	工业过程排放（R）	粮食产量（O）
重卡货车公里数（O）	炼油厂排放（O）	热泵成本（R）	氢气使用（W）	新建林地（R）
纯电厢式货车销售量（R）	太阳能光伏发电（R）	经培训的热泵安装工人数量（R）	输氢管道工程（Gr）	泥炭地恢复（R）
小汽车公里数（W）	积极的需求响应（W）	居民能源需求（W）	工业能效（Gr）	厌氧消耗（R）
公共充电桩（W）	绿氢生产（W）	非民用能源需求（W）	工业 CCS 项目管道工程（Gr）	能源作物（W）
公共交通需求（LGr）	油气生产排放（W）	非民用建筑能耗强度（W）	工业消费排放（LGr）	肉类消费排放（W）

未偏离（G）	数据未报告（Gr）	无基准或目标（LGr）	略微偏离（O）	无法判断（W）	显著偏离（R）

资料来源：《2023 减排进展》报告

1.4.2.3　政策风险和差距

在评估关键行业的减碳行动进展基础上，进一步对差距和原因进行分析（表 1-5、表 1-6）。《2023 减排进展》报告显示，减碳行动延误导致碳预算执行风险增加，而原因是综合性的。英国气候变化委员会对英国实现第 4 期碳预算方案（2023~2027 年）的信心在 2022 年略有增加，这在很大程度上是由于新冠疫情后的社会变化似乎达到稳定状态，车辆行驶里程减少了约 5%，而且随着销售继续增长，短期内对向电动汽车过渡的信心增强。

自 2022 年以来，英国气候变化委员会对英国满足 2030 年 NDC 和第 6 期碳预算

（2033~2037年）的信心有所下降。这是因为行动延误导致执行风险增加和碳预算执行计划中允许更多的额外补充。

（1）地面运输和电力供应的减排风险增加，主要是由于开发零排放车辆指令的延迟以及持续缺乏电力系统脱碳战略，同时交付风险也在增加；

（2）工业电气化和资源效率方面的政策差距较大；

（3）在农业和土地方面，由于缺乏长期资金支持，自然农业减碳更多依赖于自愿性低碳措施；资金不足和缺乏技术指导是执行延迟的主要原因。

表1-5　评估各部门政策和计划的评分标准

评分标准	交付机制和职责	资金筹措和其他财政激励措施	推动因素到位并克服障碍	制定未来政策时间表	整体评估
可信的计划（G）	经过验证的交付机制，涵盖该部门的所有重要内容	公共资金与鼓励私人资金的计划相结合是可信的	计划考虑推动因素，如治理、公平资金、公众参与、工人和技能；潜在的障碍被克服	为未来的决定和政策制定提供了适当的时间表	为未来的决定和政策制定提供了适当的时间表
一些风险（Y）	主要基于经过验证的交付机制，但缺少了少数关键元素	公共资金和鼓励私人资金的计划相结合是可信的，但仍存在一些风险	计划考虑到一些推动因素，但不是全部，推动因素和/或一些障碍仍然存在	为未来的一些决定和政策制定提出了时间表，但仍存在问题	可能需要对计划进行一些调整，以减少不确定性和交付或资金风险
重大风险（O）	一些计划基于已验证的机制，但缺少几个关键要素	一些资金承诺，但还不清楚很大一部分资金将来自哪里	该计划没有解决关键推动因素和障碍	计划只部分地表明了未来决策和政策制定的时间表	正在制定的计划和/或为颁布政策、克服不确定性和交付或供资风险而需要开展的进一步工作
计划不足（R）	没有全面的计划或战略；或计划/战略缺少大多数关键要素	不清楚大部分资金将来自哪里；目前还没有考虑到解决这些问题的激励措施	计划对推动因素和障碍的考虑微不足道的	计划并未表明何时将填补空白，或何时将做出未来的决定	计划缺失，明显不足；或缺乏资金，需要新的建议

表1-6　满足2030年NDC和碳预算的行业政策记分卡

行业	2022~2035年排放变化	执行计划	资金筹措和金融激励	能力建设/克服障碍	制定未来政策时间表	整体评估
陆路交通	$-61MtCO_{2e}$（-58%）	G	Y	O	Y	Y
电力供应	$-44MtCO_{2e}$（-93%）	G	G	O	Y	Y
工业	$-44MtCO_{2e}$（-69%）	O	O	O	R	O

续表

行业	2022~2035 年排放变化	执行计划	资金筹措和金融激励	能力建设/克服障碍	制定未来政策时间表	整体评估
建筑	-33MtCO$_{2e}$（-43%）	O	O	O	O	O
碳排放工程移除	-25MtCO$_{2e}$	Y	O	O	R	O
燃料供应	-21MtCO$_{2e}$（-64%）	Y	Y	O	O	O
农业	-10MtCO$_{2e}$（-20%）	O	R	R	O	R
土地排放	-4MtCO$_{2e}$	O	O	O	O	O
土地吸收		Y	Y	O	O	O
航空	-7MtCO$_{2e}$（-17%）	O	O	O	O	O
含氟气体	-8MtCO$_{2e}$（-69%）	G	G	G	G	G
废弃物	-7MtCO$_{2e}$（-30%）	O	Y	O	O	O
航运	-3MtCO$_{2e}$（-22%）	O	Y	O	O	O

资料来源：本研究根据《2023 减排进展》翻译制表

1.4.2.4 迫切需要采取的行动和战略措施

在以上分析基础上，英国气候变化委员会提出了如下建议。

（1）土地利用。英国的土地利用和农业仍然是少数几个政府没有制定一个连贯的、战略性的方法来协调政策以满足对土地的多重需求的行业之一。克服当前的气候行动障碍，并使整个英国和地方政府的行动保持一致至关重要。与此同时，迫切需要扩大植树和泥炭地恢复等关键土地利用缓解措施。

（2）建筑物。政府已承诺，到 2026 年，就电气化和氢气在提供低碳供热方面的作用做出战略决策。然而，缺乏战略方向，造成系统性的不确定性，进而导致低碳热力供应链难以形成，并阻碍了低碳电力和氢气基础设施的进展。建议政府在"无悔"和"低悔"行动领域开展战略研究和推进，快速布局零碳新建建筑，改善现有建筑的能源效率、低碳热网络和电气化，通过这些行动减少排放，减少对化石燃料的依赖，同时发展供应链和公众信任，这是后续加速落实电气化供暖方案的关键推动因素。低碳供暖的战略方法建议：增强英国到 2050 年实现零建筑排放的信心，包括到 2030 年在减少建筑排放方面取得实质性进展，为基础设施和供应链发展提供中期明确度，形成公平、可执行的过渡基础，减少英国对能源进口的依赖和实现 2040 年净出口国目标的总体战略方法。

（3）电力脱碳。政府已承诺到 2035 年使电力供应脱碳，前提是确保供应安全，以及建设新的可再生能源和核能。然而，政府还没有发布一项全面的独立计划或战略，以确保到 2035 年建成一个脱碳和可靠的电力系统，该系统对未来可能的极端天气和需求情景都有弹性。这样做将有助于采取更协调和战略性的执行方式，并提高投资者的知名度和信心。与此同时，迫切需要采取政策，确保足够的网络容量和连接，提出低碳灵活性解决方案，并改革电力市场设计。

（4）跨部门行动。在绿色选择问题与公众接触方面，一些特定部门已经取得了进展，但缺乏对公众参与和沟通的总体战略。需要采取财政和政策杠杆的战略方法，确保低碳选择负担得起，成本公平分配，包括重新平衡电力和天然气的政策成本。政府计划制定的净零和自然劳动力行动计划是受欢迎的；重要的是，它要超越高水平的目标，并详细介绍优先行业、地区和相关行动，以发展英国的技能基础。改善绿色金融和企业报告的工作正在进行中，但许多行业的私营部门的应对措施受到政策信号疲弱、不确定性和投资障碍的阻碍。

（5）废弃物。需要对废弃物行业脱碳计划进行更大的战略协调，包括：更加重视废物预防，明确未来剩余废物处理的能力需求，以及激励措施和与其他部门的相互作用，如废物作为可持续航空燃料的原料。废物能源（EfW）的排放量已经超过了政府城市固体废物计划（CBDP）的预期，且预计在未来几年内，EfW 的处理能力将进一步增加。迫切需要一种全面的系统方法来控制和减少生态废物排放，包括明确碳定价。英国气候变化委员会建议暂停增加能源回收能力，直至完成对能力要求的检讨，并公布对剩余废物处理能力要求的最新评估。

（6）工业。政府承诺大幅减少工业排放（到 2035 年相对于 2022 年减少 69%），这需要对英国制造业进行紧急而彻底的变革。几乎没有证据表明这种变化正在进行中。此外，英国气候变化委员会的评估结果是，目前的计划不足以以所需的速度和规模减少排放。当前的工业政策缺乏雄心，也增加了制造商迁移到投资环境更有吸引力的国家的风险。政府采取更多措施支持工业脱碳至关重要。特别是，还应采取行动加快工业供热的电气化，加快分散场所的脱碳化，并寻求减少工业产品消费的机会。

（7）生物质。政府的《生物质战略》已于 2023 年底发布。

1.4.2.5　与 2022 年进展的对比

对英国气候变化委员会 2022 年提出的建议进展进行评估，发现总体进展还不够。一般来说，在大多数领域，政策制定进展太慢，并没有激发当地采取必要的行动（图 1-12）。

虽然能源安全和净零排放部在一系列领域都取得了进展，但总体进展不足。英国气候变化委员会在 2022 年的进展报告中提出的如下七项优先建议似乎没有取得任何进展。

（1）制定和发布新的政策（有明确的实施时间表），以确保民用住宅在 2035 年前达到 EPC C[①] 的最低能源性能。

（2）制定并开始实施应急计划，以应对实现碳预算的各种风险。这些措施应扩大所

---

① EPC 通常指的是 Energy Performance Certificate，也就是能源绩效证书，这在欧洲国家比较常见，比如英国、欧盟成员国等。EPC 等级用于衡量建筑物的能源效率，通常分为 A（最高效）到 G（最低效）七个等级，而 C 级代表中等偏上的能源性能。

追求的减排范围，特别是通过包括需求侧的政策，并避免增加对工程消除的依赖。

（3）发布电力脱碳的全面长期战略，包括低碳灵活性选项的作用。

（4）在下一轮许可前制定国内油气生产的最低排放强度标准。

（5）就资金机制进行咨询，以支持制造业电气化的额外运营和资本成本，使电气化能够与其他脱碳手段在公平的竞争环境中进行竞争。

（6）审查、投资和启动工业脱碳数据收集和报告程序制度的改革，以实现有效的监测和评估，以及政策的实施。

（7）根据《格拉斯哥气候公约》，承诺逐步淘汰低效的化石燃料补贴，对税收政策在实现净零排放方面的作用进行审查。

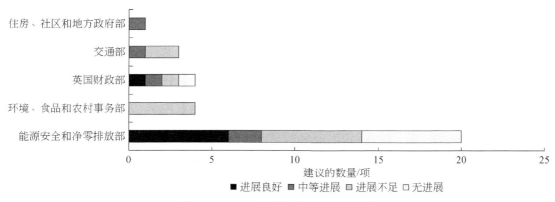

图 1-12　2022 年优先建议的进展情况

资料来源：《2023 减排进展》报告

1.4.2.6　优先行动建议

在《2023 减排进展》报告中，英国气候变化委员会提出了 27 项优先行动建议，表 1-7 将 27 项优先行动建议进行了总结，同时在《2023 减排进展》报告附件中向各行业提出了次年各行业的详细减排措施和政策建议。

表 1-7　优先行动建议摘要

项目	优先行动建议
跨部门行动	重新平衡电力和天然气的成本
	指导碳抵消的商业应用
	降低风险和替代方案
	公众绿色行动
	净零排放技术的行动方案
	在不同地区开展能源计划合作
	将国家规划政策框架与净零战略统一

续表

项目	优先行动建议
国际减排行动	宣布国家级气候特使
陆路运输	确认法规中的零排放汽车（ZEV）授权细节
建筑物	将氢气利用聚焦在氢供热
	执行化石燃料锅炉逐步淘汰的监管机制
	到 2028 年在私人出租屋中执行 EPC C
工业	实施电气化政策
	非 ETS 脱碳激励
	钢铁行业的脱碳战略
能源供应	到 2035 年实现电力完全脱碳战略
	实施"低悔"电力和氢投资
	建立一个由部长领导的基础设施执行小组
	制定防止新煤增长的计划
	对新的油气开采进行严格测试
	明确规划和实施的机构责任
农业和土地利用	发布土地利用规划
	为植树提供资金和交付支持
	泥炭地恢复的执行机制
航空	如果全国没有管理规划，就不能新建机场
废弃物	须应对废弃物排放带来的能源问题
碳移除工程	开发大规模部署碳移除工程的商业模式

资料来源：《2023 减排进展》报告

1.4.3　碳预算执行计划的内容构成

　　碳预算执行计划也是根据英国《气候变化法》要求，向议会和公众通报政府为实现碳预算而提出的建议和政策。2023 年 3 月，英国政府发布的《碳预算执行计划》（ISBN 978-1-5286-4015-2）列出了国务大臣（截至 2023 年 3 月）为实现第 4~6 期碳预算方案准备的当前一揽子提案和政策，以及这些建议和政策的预期减排量[1]和生效的时间表，旨在最大限度利用机会，推动英国经济增长、就业和投资，同时减少排放。《碳预算执行计划》是一项动态的长期过渡计划，由于未来世界不断发生变化，该计划提出的一揽子提案和政

---

　　① 为了确定实现碳预算所需的额外减排总量，将政府能源和排放预测 [EEP(2021-2040)] 的调整版本作为未来排放的"基线"，并将其与碳预算水平进行比较。2021 ~ 2040 年 EEP 基于对未来经济增长、化石燃料价格、发电成本、英国人口和其他关键变量的假设。其中还包括截至 2022 年 1 月（电力行业为 2022 年 7 月）已经实施、通过或计划实施的 EEP 政策。技术附件包括最新 2021~ 2040 年能源与排放预测的更多细节。

策也将不断修正。

《碳预算执行计划》主要由"五年行业碳预算总量""实现碳预算的措施和政策及年化预期减碳量""交付风险""关键措施和政策的经济影响结论"四部分构成。表 1-8 列出了英国碳预算第 4~6 期分行业碳排放预算量，表内数字是预测数据，并非部门硬性指标。表 1-9 列出了各行业在关键时间节点的行动目标。表 1-10 是英国碳预算目标与基准政策目标的比较。表 1-11 对《碳预算执行计划》的部分政策及年化减碳量的内容进行展示。减排政策分为量化减排效果的政策和不可量化减排效果的政策。《碳预算执行计划》包括英国已经实施的能源与碳排放政策（Energy and Emissions Projections，EEP），并对 EEP 措施进行减排量化分析，如果减排量不足以满足碳预算目标，则会提出政策更新或新增措施，最后汇总碳预算执行计划。目前，EEP 中有 48 项政策被纳入《碳预算执行计划》提出的 198 项提案和政策中，同时，《碳预算执行计划》给出了每项政策的启动时间、每个碳预算期的年均减排量预判。《碳预算执行计划》也列出了不可量化减排效果的分行业政策共 143 项。考虑到经济社会的复杂性和预测模型的内在不确定性[①]，《碳预算执行计划》保持一定程度的灵活性，以便随着环境的变化进行动态调整，这一点体现在《零碳之旅》的行业碳预算执行指引中，如表 1-12~ 表 1-15 所示。

表 1-8　英国碳预算第 4~6 期分行业碳排放预算量　（单位：MtCO_2e）

行业	2021 年	碳预算 5 年总量（年均） CB4	碳预算 5 年总量（年均） CB5	碳预算 5 年总量（年均） CB6
农业和 LULUCF	49	231 (46)	207 (41)	183 (37)
建筑	88	350 (70)	320 (64)	217 (43)
国内交通	109	546 (109)	422 (84)	254 (51)
燃料供应	20	93 (19)	69 (14)	48 (10)
工业	76	340 (68)	207 (41)	111 (22)
电力	54	143 (29)	63 (13)	42 (8)
废弃物和含氟气体排放	30	125 (25)	96 (19)	75 (15)
温室气体移除	—	0 (0)	−32 (−6)	−117 (−23)
国际航空航运 (IAS)	20	217 (43)	210 (42)	184 (37)
总量（不含 IAS）	426	1829 (366)	1353 (271)	813 (163)
总量（含 IAS）	446	2046 (409)	1563 (313)	997 (199)

资料来源：能源安全和净零排放部于 2023 年 3 月发布的《碳预算执行计划》

---

① 消费者行为、技术革新以及未来经济增长的速度和结构等其他因素进一步造成长期部门排放预测的内在不确定性。

表 1-9　碳预算执行路径：分行业里程碑目标

行业	行动计划	单位	2021 年	2025 年	2030 年	2035 年
电力	电力生产	TW·h	307	315	370	460*~495
	低碳发电量占 2035 年所需总预测发电量的比例	%	34~38*	37~41*	67~71*	99
工业	工业**终端能源消费中的低碳燃料①消费占比	%	40	40	50	60
	CCUS 在工业中应用 [包括生物质能碳捕集与封存（BECCS）]	$MtCO_{2e}$	0	0	6	10
燃料供应	绿氢生产	TW·h	0	10***	55~65	80~140*
	海上石油和天然气电力在电力需求中的占比	%	0	0	25	29
供热和建筑	国内热泵装置	10^6 个	0.3	0.9	3.6*~3.8	7.1*~11.5
	累计使用 100% 氢气供暖的家庭	10^6 户	0	0	0~0.2*	0~4.0*
	年度采用国内新型能效措施	10^6 户	0.2	1.5	0.4	0
	商业建筑中低碳燃料①消费占总燃料消费的比例（不含集中供热）	%	59	61	65	73
	年度集中供热	TW·h	15	17	27	35
	年度电网消纳的生物甲烷发电	TW·h	4	7	12	13
农业和 LULUCF	国内泥炭地每年恢复面积	hm^2	1 600	14 000	14 000	7 000
	国内每年植树造林面积	hm^2	13 300	7 500	8 900	10 300
	年度能源作物和短轮伐林业新增种植面积	hm^2	0	0	9 600****	15 000****
	从事低碳农业的农民占总农民的比例	%	56	70	75	85
废弃物和含氟气体	相对于 2015 年基准水平的氢氟碳化合物消费水平（仅在 2015 年使用时占大宗天然气使用的比例）	%	45	31	21	21
碳移除	生物质能结合碳捕集与封存（BECCS）和直接空气碳捕获与封存（DACCS）	$MtCO_{2e}$	0	0	5.6	22.9
国内交通	零排放车辆（ZEV）在小轿车保留量中的占比	%	0.9	7	25	52
	零排放车辆（ZEV）在客货车保留量中的占比	%	0.5	3	16	43
	零排放车辆（ZEV）在重型货车保留量中的占比	%	0.1	0.4	9	37
	零排放车辆（ZEV）在公交车和长途汽车保留量中的占比	%	0.8	14	35	61
	道路交通中使用的低碳燃料①（L）在燃料消费中的占比	%	6	9	10	11

续表

行业	行动计划	单位	2021 年	2025 年	2030 年	2035 年
国内交通	城镇和城市中短途出行（少于 5km）选择步行或骑行的比例	%	45	46	50	55
	国内航空中可持续航空燃料（SAF）使用量（t）占燃料使用总量的比例	%	0	4	10	15
	国内航运低碳燃料[①]消费(TW·h)占比	%	0	0	1	42
国际航空航运	国际航空可持续航空燃料（SAF）使用量（t）占燃料使用总量的比例	%	0	4	10	15
	国际航运低碳燃料消费(TW·h)占比	%	0	0	1	28
全国	单位 GDP 碳强度	tCO_{2e}/ GDP £m2021	184	140	93	64
	单位 GDP 能耗强度	MW·h/ GDP £m2021	670	630	540~550[*]	450~470[*]

* 表示在高比例氢气占比下的需求

** 由于方法问题，该指标已从《净零战略》中发布的"低碳燃料转换"更改为"低碳"。包括 BECCS 在内的低碳燃料转换数据为 2021 年 122TW·h、2025 年 115TW·h、2030 年 120TW·h 和 2035 年 160TW·h

*** 该数字表示 2020~2030 年中期的氢气产量（非特指 2025 年）

**** 能源作物和短轮伐林业面积的数字是参考，实际可能会由于作物品种的不同组合而有所不同

① 该表包括不同部门的相关低碳燃料行动假设：电力、生物燃料、固体生物质、氢气、氨和甲醇

    表 1-10 显示了碳预算执行计划与碳预算第 4、5 和 6 期目标的差异。对于每期碳预算，从碳预算执行计划中减去已经实施政策取得的减排量，得到剩余排放量，然后将其与"碳预算上限"进行比较，得到碳预算目标实现程度的预判。表中最后一行如果是正数，表明预计减少的排放量将超过预算要求的水平，预算出现盈余；如果是负数，表示执行计划所取得的减排效果无法满足预算要求，需要进一步减少排放。由表 1-10 可见，第 6 期碳预算存在交付风险。

表 1-10　碳预算目标与基准政策目标比较

（单位：$MtCO_{2e}$）

项目	CB4 5 年总量（年均）	CB5 5 年总量（年均）	CB6 5 年总量（年均）
时间跨度	2023~2027 年	2028~2032 年	2033~2037 年
碳预算上限	1950（390）	1752（350）	965（193）
碳预算执行计划（包括 EEP 政策）	1917（383）	1799（360）	958（392）
早期行动带来的减排量	88（18）	446（89）	961（192）
执行计划剩余碳排放空间（政策实施后）	1829（366）	1353（271）	997（199）
碳预算预期盈余	121（24）	399（80）	−32（−6）

资料来源：能源安全和净零排放部于 2023 年 3 月发布的《碳预算执行计划》

表 1-11 《碳预算执行计划》的政策与年化减碳量（部分政策）

编号	政策描述 政策名称	政策内容	实现状态	实施日期	减碳量/MtCO$_{2e}$ 2023年	2024年	2025年	2026年	2027年	2028年	2029年	2030年	2031年	2032年	2033年	2034年	2035年	2036年	2037年
1	农业政策	农业政策是一组英格兰、苏格兰和威尔士的政策和项目：农业行动计划（英格兰）、气候变化计划（苏格兰）和气候智慧型农业（威尔士）。这些政策旨在通过一系列节约资源和土地管理措施来减少排放。相关政策被量化在汇总的"农业政策"中	已实施	地区各异	1.3	1.3	1.4	1.5	1.5	1.6	1.7	1.7	1.8	1.9	1.9	1.9	1.9	1.9	1.9
2	锅炉（家用锅炉安装技术标准）	政策目标是通过降低家庭住宅的总体天然气需求，从英格兰的家庭供暖部门提供额外的能源和碳节约。它的目标是通过增加设备的部署来提高家庭供暖系统的效率。通过控制和措施（使燃气锅炉更有效地为家庭供暖。该政策工具是在《建筑条例》框架下通过法定指引制定的技术标准。这要求英格兰的现有家庭在现有住宅中安装新的或更换锅炉时，从选择列表列2022年采取额外的节能措施	已实施	2018年	0.3	0.3	0.4	0.4	0.5	0.5	0.6	0.6	0.7	0.7	0.7	0.6	0.6	0.5	0.5
3	锅炉升级方案(BUS)	锅炉升级方案(BUS)是一项4.5亿英镑、为期3年的计划，为业主提供前期资助金补贴（空气源热泵和生物质为5000英镑，地源热泵为6000英镑），用于安装热泵，并在某些有限的情况下，安装生物质锅炉，以取代化石燃料加热系统。该计划在2022年启动	已实施	2022年	0.1	0.1	0.1	0.1	0.1	0.1	0.1	0.1	0.1	0.1	0.1	0.1	0.1	0.1	0.1
4	建筑法规2010第L部分	《建筑法规2010》规定了新建建筑以及对现有房产进行受控"建筑工程"（包括扩建、改建和某些类别的翻新以及更换窗户和锅炉）时的最低能源性能标准	已实施	2010年	6.0	6.1	6.4	6.5	6.1	5.6	5.2	4.8	4.6	4.5	4.3	4.1	3.9	3.8	3.6

续表

编号	政策名称	政策内容	实现状态	实施日期	减碳量/MtCO$_{2e}$														
					2023年	2024年	2025年	2026年	2027年	2028年	2029年	2030年	2031年	2032年	2033年	2034年	2035年	2036年	2037年
5	建筑法规2013第L部分	《建筑法规2013》规定了新建建筑以及对现有房产进行受控"建筑工程"(包括扩建、改建和某些类别的翻新以及更换窗户和锅炉)时的最低能源性能标准	已实施	2013年	0.1	0.1	0.1	0.1	0.1	0.1	0.1	0.1	0.1	0.1	0.1	0.1	0.1	0.1	0.1
6	汽车政策	欧盟法规(443/2009)为新车设定了到2015年和2020年要达到的燃油效率目标。该法规将向欧盟市场销售的新车平均二氧化碳尾气排放生产商根据其生产规模、转化为各个制造商的具体目标。违规者将被处以高额罚款。2021年的目标是整个单一市场的车辆平均,为95g CO$_2$/km。支持超低排放汽车(ULEV)推广的措施包括:为超低排放车辆(如乘用车、货车、摩托车和出租车)提供的插电式购车补贴资金支持,以及各种税收激励政策,例如较低的车辆消费税和公司用车税税率。电动汽车(EV)基础设施则通过以下方式获得资金支持:工作场所充电计划,为员工和车队安装充电设备提供补贴;家庭充电计划,为家庭安装充电设备提供补贴;街边住宅充电点计划;公共-私营合作的"4亿英镑充电基础设施投资基金",该基金于2019年9月启动。此外,英格兰高速公路局系承诺投资1500万英镑,以确保95%的战略道路网络可在20英里(32.2公里)范围内找到充电站	已实施	2012年	6.2	8.5	10.8	13.3	16.0	19.1	22.0	25.1	27.6	30.0	32.3	34.5	36.8	38.7	40.3
7	碳信托措施	碳信托为各种规模的企业和公共部门组织提供一系列措施,从一般建议到深入的咨询和认证,以减少排放,节约能源和资金	过期失效	2002年	0			0	0	0	0	0	0	0	0	0	0	0	0

续表

编号	政策描述		实现状态	实施日期	减碳量/MtCO$_{2e}$														
	政策名称	政策内容			2023年	2024年	2025年	2026年	2027年	2028年	2029年	2030年	2031年	2032年	2033年	2034年	2035年	2036年	2037年
8	CRC能源效益计划	CRC（前身为碳减排承诺）是一项强制性的英国排放交易计划（于2010年启动）。它鼓励大型能源密集型私营和公共部门组织采用能源效率措施，这些组织使用的能源不在欧盟排放交易体系气候变化协议的覆盖范围内。它涵盖了商业和公共部门约5000家大中型能源用户。该计划分为几个阶段。第一阶段为2010年4月1日至2014年3月31日；第二阶段为2014年4月1日至2019年3月31日。在2016年春季预算中，财政大臣宣布在第二阶段之后（即2018~2019合规年度之后）将不再出售CRC配额，并于2018年7月立法，在第二阶段之后关闭该计划。从2019年4月起，气候变化税（CCL）将增加，以收回从CRC配额中放弃的收入。新的精简的能源和碳报告框架将适用于各种规模的上市公司，大型非上市公司和大型有限责任合伙企业	已实施	2010年	0.9	0.9	0.9	0.6	0.3	0.1	0	0	0	0	0	0	0	0	0
9	能源公司义务(ECO3)	能源公司的计划(ECO3)于2018~2022年实施。该计划完全侧重于低收入和弱势家庭。供应商门槛从2019年起降至20万家庭用户，从2020年起降至15万家庭用户。引入了一个新的"创新"元素，以激励新的支付技术，表现更好的措施和具有成本效益的技术（最高占计划的10%），并为更好地了解措施绩效而建立一个监测制度，最高占计划的10%。地方当局灵活资格机制增加到计划的25%	已实施	2018年	0.3	0.3	0.3	0.3	0.2	0.2	0.2	0.2	0.2	0.3	0.3	0.3	0.3	0.3	0.3

续表

编号	政策名称	政策内容	实现状态	实施日期	2023年	2024年	2025年	2026年	2027年	2028年	2029年	2030年	2031年	2032年	2033年	2034年	2035年	2036年	2037年
					减碳量/MtCO₂e														
10	能源公司义务(ECO)扩展	2015年支出审查宣布，ECO将被一个新的、成本更低的计划所取代，该计划将运行5年（到2022年3月），并将解决燃料贫困的根本原因。为期5年的延期计划将分两个阶段进行。ECO延期(2017年4月至2018年9月)将作为到期的ECO计划之间的桥梁，ECO3于2018~2022年运行。在"ECO2延长期扩展"框架下引入了地方当局灵活资格机制，使地方当局能够确定资格并将资格并将转小给有义务的供应商。通过这一途径，最多可实现10%的"经济适用房供暖"	已实施	2017年	0.2	0.2	0.2	0.2	0.2	0.2	0.2	0.2	0.2	0.2	0.2	0.2	0.2	0.2	0.2
11	节能计划(ESOS)	根据欧盟能源效率指令(2012/27/EU)第8条的要求，对所有大型企业（非中小企业）实施强制性能源评估计划。雇用250人或以上，或雇用少于250人，但年营业额超过3890万英镑、年度资产负债表总额超过3340万英镑的组织，必须测量其总能源消耗，并对其建筑、以及工业过程和运输使用的能源进行审计，以确定具有成本效益的节能措施，到2015年12月5日，此后每四年一次。预计约有一万个机构会参与这项计划	已实施	2014年	0.7	0.7	0.6	0.6	0.6	0.6	0.6	0.6	0.6	0.5	0.5	0.5	0.5	0.5	0.5

续表

编号	政策描述		实现状态	实施日期	减碳量/MtCO$_2$e														
	政策名称	政策内容			2023年	2024年	2025年	2026年	2027年	2028年	2029年	2030年	2031年	2032年	2033年	2034年	2035年	2036年	2037年
12	氟类气体减少	含氟温室气体法规通过逐步减少配额制度，将可投放欧盟市场的氢氟碳化物数量逐步减少79%；禁止在某些新设备中使用某些类型的制含氟温室气体；禁止在维修能耗值较高的氢氟碳化物；并在一定程度上加强了2007年法规中与泄漏检查、维修、含氟气体回收和技术人员培训有关的义务。这些法规由欧盟于2014年推出，并于2015年经通过成为英国法律	已实施	2014年	3.8	4.3	4.6	4.9	5.2	5.5	5.7	6.0	6.2	6.5	6.8	7.1	7.4	7.6	7.9
13	林业政策	林业政策是2009年启在推动植树造林和再造林的一系列政策。相关政策在汇总的"林业政策"中进行了量化	已实施	出台时间不同	-0.3	-0.3	-0.3	-0.2	-0.1	0	0	0.1	0.2	0.3	0.5	0.6	0.7	0.9	1.0
14	环保气体支援计划	绿色气体支持计划(GGSS)是一项关税补贴，旨在支持通过厌氧消化产生生物甲烷，并将其注入天然气网。它于2021年11月启动，于2024年6月开放申请，在英格兰、苏格兰和威尔士运营。该项目由绿色气体税收资助	已实施	2021年	0.3	0.4	0.5	0.6	0.6	0.6	0.6	0.6	0.6	0.6	0.6	0.6	0.6	0.6	0.6
15	绿色热能网络基金(GHNF)	GHNF是一个3.28亿英镑的基金，为发展低碳热网基础设施提供资金支持。其目标是加速新的和现有热网的低碳转型，并增是加速新的和现有热网的低碳转型，并增支持更多地部署大型热泵(空气源、地源和水源)、废热回收(包括热交换器和热泵，从工业/商业过程中增加热量和废物发电厂)、太阳能热能和生物质(可持续来源并符合空气质量立法)	已实施	2021年	0.1	0.1	0.3	0.4	0.4	0.4	0.4	0.4	0.4	0.4	0.4	0.4	0.4	0.4	0.4

编号	政策描述		实现状态	实施日期	减碳量 /MtCO$_2$e														
	政策名称	政策内容			2023年	2024年	2025年	2026年	2027年	2028年	2029年	2030年	2031年	2032年	2033年	2034年	2035年	2036年	2037年
16	工业能源转型基金(IETF)	IETF 在 2018 年秋季预算中宣布，该基金将支持高能耗企业，如能源密集型产业，向低碳未来转型。它将通过投资提升能效和碳排放。IETF 在英国范围内设立，5 年预算为 3.15 英镑，持续至 2024 年	已实施	2019年	0.2	0.5	0.8	0.9	0.9	1	1	1	1	1	1	1	1	1	1
17	智能计量	到 2025 年底，智能电表计划将在英国所有住宅物业中用智能电表和燃气表取代 5300 万个电表，并在小型非住宅场所使用智能或先进的电表。智能电表将向消费者提供近乎实时的能源消耗信息，帮助他们控制能源使用，从而避免浪费能源和金钱。它将为能源网络提供更好的信息，以管理和规划当前和未来的活动。智能电表还将有助于向支持可持续能源供应的智能电网迈进，并有助于减少系统所需的总能源。截至 2022 年，英国有 2880 万个智能和先进的电表在运行。2022 年 1 月，智能电表实施计划启动了一个新的四年目标框架，以保持推广势头	已实施	2012年	1.8	2.0	2.0	2.0	2.0	2.0	2.0	2.0	2.0	2.0	2.0	2.0	2.0	2.0	2.0
18	简化企业的能源和碳报告(SECR)	SECR 是一个报告框架，要求英国所有大型注册公司（根据 2006 年公司法的定义）在其年度报告中报告其能源和与电力使用情况，以及天然气和运输相关的排放情况。公司还将被要求提供强度指标，并披露其报告期内采取的任何能源效率行动。此外，上市公司还被要求报告其全球能源使用情况和温室气体排放情况	已采纳	2019年	0.5	0.5	0.5	0.5	0.4	0.4	0.4	0.4	0.4	0.4	0.4	0.4	0.4	0.4	0.4

续表

编号	政策描述		实现状态	实施日期	减碳量 /MtCO₂ₑ														
	政策名称	政策内容			2023年	2024年	2025年	2026年	2027年	2028年	2029年	2030年	2031年	2032年	2033年	2034年	2035年	2036年	2037年
19	可再生运输燃料义务(RTFO)	该政策设定了提高的总体目标，即到 2020 年柴油和汽油供应商使用生物燃料的比例达到 9.75%(按体积计算)，到 2032 年增加目标以满足 RED 加上执行经 ILUC 指令(2015/1513)修订的欧盟可再生能源指令(2009/28/EC)	已实施	2018年	4.7	4.9	5.0	5.1	5.2	5.3	5.4	5.4	5.4	5.5	5.2	5.0	4.8	4.6	4.5
20	供电政策：近期供电行业的脱碳政策	供电政策是电力供应行业的一系列脱碳政策。最近的政策(LCTP 后)在 "供电行业的脱碳政策" 汇总中进行了量化。较早的政策包含在基线中，其减缓影响未被量化	已实施	出台时间不同	32.4	32.2	31.1	37.3	42.5	47.1	49.2	45.4	47.6	48.3	48.5	49.8	52.2	54.3	57
……			……		……	……	……	……	……	……	……	……	……	……	……	……	……	……	……

注：1 英里 =1.609 344km

资料来源：能源安全和净零排放部于 2023 年 3 月发布的《碳预算执行计划》

1.4.4 《零碳之旅》：行业碳预算年度排放指引

在推进碳预算实施过程中，英国政府出台了一系列政策，其中。与第六次碳预算执行计划相呼应的宏观经济和技术政策文本是英国能源安全和净零排放部于 2022 年 4 月 5 日发布的《零碳之旅》。《零碳之旅》详细地说明了每个行业走向零碳的高、中、低减碳情景，包括不同情景下的经济活动水平、各行业的温室气体排放量，以及净零排放路径下各行业的排放量预测，以及这些路径下各部门碳排放量与碳预算的比较等。由表 1-12~ 表 1-15 可见，在《零碳之旅》中，行业部门分类与《碳预算执行计划》基本一致，并基于情景为每个行业设置了年度碳排放上下限阈值。《零碳之旅》为碳预算方案服务，为碳预算执行提供了年度行业碳排放指引。

表 1-12　行业碳排放预算指引（2020~2022 年）　　　　（单位：MtCO$_{2e}$）

项目		2020 年	2021 年	2022 年
农业及 LULUCF	下限	56.9	56.7	56.2
	上限	61.2	61.3	61.2
供热和建筑	下限	82.4	82.6	80.2
	上限	88.6	89.2	87.2
国内运输	下限	101.4	112.6	108.3
	上限	109.1	121.8	118
燃料供应与氢气	下限	21.8	20.5	19.8
	上限	23.6	22.3	21.6
工业	下限	71.4	71.8	70
	上限	76.7	77.6	76.1
能源	下限	40.3	35.4	33.2
	上限	43.3	38.3	36.2
废气和含氟气体	下限	34.9	33.3	29.5
	上限	37.5	36	32.3
温室气体清除量	下限	0	0	0
	上限	0	0	0
国际航空航运	下限	18.8	34.8	41.4
	上限	20.2	37.6	45
总量	下限	427.8	447.7	438.6
	上限	460.2	484.1	477.6

资料来源：能源安全和净零排放部于 2022 年 4 月 5 日发布的《零碳之旅》

表 1-13　行业碳排放预算指引（CB4- 执行计划）　　　　（单位：MtCO₂ₑ）

项目		2023 年	2024 年	2025 年	2026 年	2027 年
农业及 LULUCF	下限	55.9	54.9	49	48.8	47.4
	上限	61.2	60.5	54.9	55.1	54.1
供热和建筑	下限	78.9	77	73.5	70.2	66.9
	上限	86.3	84.8	81.7	78.9	76.1
国内运输	下限	106.2	104.3	102.1	96.8	91.5
	上限	116.5	115.1	113.3	108.4	103.5
燃料供应与氢气	下限	19.7	19.1	17.9	18	17.2
	上限	21.6	21	19.9	20.1	19.3
工业	下限	68.4	66.7	58.4	49.4	45.5
	上限	74.8	73.5	65.4	56.7	53
能源	下限	32	34	30.8	24.4	19.3
	上限	35.2	37.6	34.2	27.5	21.9
废气和含氟气体	下限	27.8	26.1	24.2	22.8	21.4
	上限	30.5	28.9	27.1	25.7	24.4
温室气体清除量	下限	0	0	0	−0.1	−4
	上限	0	0	0	0	0
国际航空航运	下限	41.6	41.7	41.7	41.8	43
	上限	45.4	45.8	46	46.4	48
总量	下限	430.5	423.7	397.6	372.2	348.3
	上限	471.6	467.2	442.5	418.8	400.2

资料来源：能源安全和净零排放部于 2022 年 4 月 5 日发布的《零碳之旅》

表 1-14　行业碳排放预算指引（CB5- 执行计划）　　　　（单位：MtCO₂ₑ）

项目		2028 年	2029 年	2030 年	2031 年	2032 年
农业及 LULUCF	下限	46.6	45.6	44.5	43.3	41.9
	上限	53.6	53	52.2	51.5	50.4
供热和建筑	下限	63	59.2	55.4	51.9	47.9
	上限	72.6	69.3	66	62.9	59.3
国内运输	下限	83.5	75.9	67.3	59.4	51.1
	上限	95.8	88.5	80.1	72.4	64.3

续表

项目		2028 年	2029 年	2030 年	2031 年	2032 年
燃料供应与氢气	下限	15.6	14.7	14.1	12.8	11.9
	上限	17.8	16.9	16.3	15	13.9
工业	下限	42.1	39.2	36.4	33.5	28.8
	上限	49.9	47.3	44.7	42.1	37.7
能源	下限	16.1	14.7	14	12	10.5
	上限	18.6	17.1	16.6	14.8	13.3
废气和含氟气体	下限	19.7	18.5	17.2	15.5	14.4
	上限	22.7	21.4	20.2	18.5	17.4
温室气体清除量	下限	−5	−9	−12	−15	−15
	上限	0	0	−1	−5	−5
国际航空航运	下限	44	44.6	44.5	43.9	42.8
	上限	49.4	50.3	50.5	50.2	49.4
总量	下限	325.6	303.4	281.4	257.3	234.3
	上限	380.4	363.8	345.6	322.4	300.7

资料来源：能源安全和净零排放部于 2022 年 4 月 5 日发布的《零碳之旅》

表 1-15 行业碳排放预算指引（CB6- 执行计划） （单位：$MtCO_{2e}$）

项目		2033 年	2034 年	2035 年	2036 年	2037 年
农业及 LULUCF	下限	40.5	39	38.1	36.6	35.1
	上限	49.5	48.4	47.9	46.8	45.7
供热和建筑	下限	43.5	38.9	33.9	29	24.9
	上限	55.4	51.4	46.8	42.4	38.8
国内运输	下限	40.1	34.1	28.3	23.8	19.7
	上限	53.5	47.7	42.1	37.8	34
燃料供应与氢气	下限	11.2	11.2	10.3	9.7	8.7
	上限	13.2	13.2	12.2	11.5	10.3
工业	下限	24.7	22.3	18.9	16.1	13.6
	上限	33.9	31.8	28.7	26.2	24.1
能源	下限	9.3	8.7	8.3	8.5	8.2
	上限	12	11.5	11.1	11.4	11.1

续表

项目		2033 年	2034 年	2035 年	2036 年	2037 年
废气和含氟气体	下限	13.4	12.8	12.2	11.7	11.3
	上限	16.5	15.9	15.3	14.9	14.6
温室气体清除量）	下限	−23	−24	−34	−39	−44
	上限	−8	−8	−11	−11	−15
国际航空航运	下限	41.7	40.6	39.3	37.8	36.4
	上限	48.5	47.7	46.7	45.4	44.2
总量	下限	201.4	183.6	155.2	134.0	113.9
	上限	274.3	259.5	239.8	225.4	207.8

资料来源：能源安全和净零排放部于 2002 年 4 月 5 日发布的《零碳之旅》

1.5　碳预算的实施效果

经过 15 年的实践，英国碳预算制度取得了经济与减碳"双赢"：横向比较看，2008 年后英国经济增速与碳排放降速均超过了 G7 其他国家（表 1-16）；纵向比较看，英国碳排放与经济脱钩的速率不断加大（图 1-13）。

表 1-16　英国与 G7 其他国家的经济增长与碳排放量变化（1990~2020 年）　（单位：%）

国家	经济总量变化率	碳排放量变化率
英国	76	−44
G7 其他国家	71	−3

资料来源：本研究根据 UK. BEIS. 1990 1990-2020 GHGI and ONS. Rest of G7–UNFCCC 数据整理计算得到

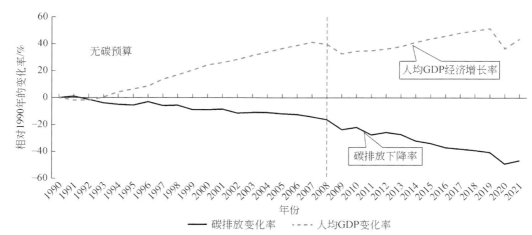

图 1-13　英国碳预算制度实施前后的经济与碳排放走势比较（1990~2021 年）

资料来源：本研究根据 BEIS（2022a，2022b）、Defra（2021）、ONS（2022）的数据计算绘制

1.6 英国碳预算制度研究小结

英国碳预算制度是英国《气候变化法》提出的四大制度建设之一，与其他三个制度（国内碳市场建设、政策工具包设计、监测计划构建）共同发挥作用，支撑英国碳中和目标如期实现。2008 年，英国一次性发布了五年为一个周期，共三个周期（2002~2022 年）的碳预算方案和相应的执行计划，开展年度进展评估，及时调整减碳路径建议，进行风险预警，目前正处于第四个碳预算周期执行期（2023~2027 年），进展顺利。

从组织架构看，英国碳预算制度体系包括《碳预算方案》《碳预算执行计划》《碳预算年度进展评估报告》三个核心文件，其中，《碳预算方案》是研究性报告，在对未来经济、能源、技术、人口、外部环境等进行情景分析基础上，运用宏观经济耦合技术模型开展碳预算的经济影响预评估，提出了考虑减排成本的碳预算总量设定建议，由英国气候变化委员会负责主持工作；根据《碳预算方案》提出的预算建议，英国主管部门在与各行业和职能部门进行充分讨论的基础上，制定《碳预算执行计划》，该计划主要提出了满足碳预算的各行业减碳措施指引及每项措施的年化减碳量，供职能部门和行业参照执行；碳预算周期开始后，英国气候变化委员会负责每年进行执行效果的进展评估，提出下一年优先领域和措施，保障碳预算执行不对经济增长造成严重冲击，在最低成本路径上实现碳预算目标。在碳预算制度体系之外，还有一系列的政策、行动、计划组成的政策工具包，与碳预算制度体系相耦合，比如英国政府发布的《零碳之旅》，将《碳预算执行计划》中各行业的五年预算量拆分到每一年，为行业提供了具体指引。

英国碳预算制度体系的核心内容如下。

（1）预算目标：以英国《气候变化法》及更新的减排目标为依据，结合基准年温室气体排放量，估算碳排放空间。例如，2008 年《气候变化法》规定英国 2050 年的温室气体排放量比 1990 年减少 80%，第 1~5 期碳预算总量按此制定（图 1-14 为英国签发的第一份碳预算方案）；2019 年英国政府颁布了新的减排目标，即到 2050 年英国要实现温室气体"净零排放"，从第 6 期开始碳预算总量按照新的减排目标设定，要求预算必须着眼于实现 2050 年目标，并考虑气候科学、国际环境、技术、经济和竞争力、税收和支出、燃料不足、能源供应以及不同地方政府的差异。

（2）管理对象。据《气候变化法》，英国碳预算涵盖《京都议定书》中的六种主要温室气体，即二氧化碳（CO_2）、甲烷（CH_4）、氧化亚氮（N_2O）、氢氟碳化物（HFCs）、全氟化碳（PFCs）和六氟化硫（SF_6），2023 年《气候变化法》还将三氟化氮（NF_3）纳入目标温室气体范畴。碳预算所涵盖的领域包含：电力、国内交通、工业过程、建筑供暖、农业和土地利用、土地利用和林业、废弃物处理及含氟气体等，第 6 期碳预算首次将国际航空与航运纳入预算管理。

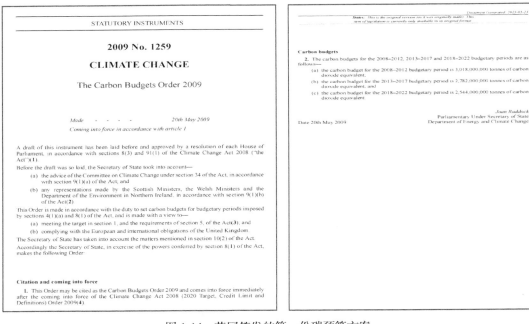

图 1-14 英国签发的第一份碳预算方案

（3）管理方式。实行全域分行业分周期的碳排放预算管理，采取减碳措施和政策一揽子计划的方式予以行动指引。提交议会并获得审议通过的《碳预算执行计划》在英国具有法律约束力。包括能源、交通和住房在内的各经济行业都必须有碳排放预算，政府部门负责各自领域的碳减排行动。英国财政部 2009 年 4 月发布了 2009 财政年度预算报告，确定从 2009 财政年度起根据《碳预算执行计划》安排相关财政预算，支持应对气候变化活动。尽管碳预算具有法律约束力，但碳预算设定的减排目标并非硬性约束指标，而是面向长期减碳目标的科学指引，政府通过过程评估的方式掌握减排进展，适时调整减排政策。

（4）预算周期。以五个自然年为一个碳预算周期，并提前十二年制定下一轮的碳预算方案。相对于年度预算，五年为一个预算周期可以减小个别年份气候异常或经济波动对碳预算管理目标的影响。例如，有极寒冬季的年份，供暖排放增加；而相对于长周期的预算管理，五年期的碳预算更具灵活性，可以根据新的经济、技术发展情况以及减排难易程度，在编制下一个周期的碳预算时进行更新，使其既不偏离长期减排目标，又能兼顾现实存在的短期波动。英国在 2008 年就一次性设定了前三个周期的碳预算。

（5）执行计划。确定五年碳预算总量目标后（即一个预算周期内的温室气体排放总量），需要制定促进碳预算目标实现的行业行动计划，即本书 1.4.3 节所述内容。该计划是基于目前政策和措施产生的潜在减排量判断，但考虑到复杂的行业内部和行业之间相互依存性，最终各行业的实际贡献可能会有所不同。因此，碳预算目标只是一种减排路径的指南。

（6）进展评估。在《碳预算执行计划》通过议会审核后，每年由英国气候变化委员会组织预算进展评估，评估内容不仅包括碳排放总量数据达标情况，还包括对整个社会经济发展低碳转型的全面评估。英国气候变化委员会通过构建一系列的关键产出评估英国的减排进展情况，主要内容已在 1.4.2 节进行了概述，主要包括：①行业监测地图。对于主要行业，绘制实现英国气候目标所需的政策、推动因素和结果之间的关系。②进展指标。使用广泛的指标来衡量现实世界的进展，这些指标来自行业监测地图。不仅跟踪低碳技术的部署，还跟踪转型的更广泛推动因素，如公众态度和扩大市场规模。③数据缺失清单。制定一份全面的指标清单，使我们能够确定需要填补的关键数据的缺失，以便充分评估进展情况。④评估政策和计划。制定监测政府是否按计划在每个部门实现其气候目标的框架。此框架包括按行业细分的政策绩效评估，以及对当前计划潜在减排量的定量评估。这样能够确定实现英国排放目标的主要风险。⑤提出建议。英国气候变化委员会每年都会向政府部门和其他相关机构提出建议，概述需要采取的后续行动。同时，根据上一年进度报告中提出的建议对进展情况进行评分。

（7）预算总量调整。在气候变化科学知识有重大进展、欧洲或国际层面气候变化法律政策有重大调整，以及将额外的温室气体纳入碳预算核算体系等情况下，修订法定的碳预算。迄今为止，唯一正式考虑修订的是英国第 4 期碳预算方案（2023~2027 年）。

（8）碳预算跨期借贷。据《气候变化法》规定，国务卿有权实施碳预算跨周期调整，但需要征求部门主管的意见及考虑气候变化委员会的建议。具体而言，国务卿可以在后一期碳预算中预支不超过 1% 的预算量，并相应增加至前一个预算期。当一个周期的预算完成时，如有剩余的排放预算量，可以将其转移至下一个周期的碳预算中。

（9）气候变化委员会。《气候变化法》的第二部分是关于气候变化委员会的设立与职责的规定。为了协助和保障英国长期减排目标的实现，《气候变化法》明确规定英国政府要设立一个新的独立法定机构——气候变化委员会，该委员会将负责向政府提供气候变化科学及政策建议，并监督政府气候行动的进展情况。气候变化委员会包含减缓和适应两个下属委员会，减缓委员会需每年进行评估减排进展，而适应委员会需每两年评估适应气候变化进展。在英国气候治理中，气候变化委员会在技术层面负责碳预算建议方案，英国政府首脑则作为决策者和行动的推动者，要对预算目标的最终实现承担直接的政治责任。

第2章 德国、法国及其他国家碳预算制度概览

2.1 德国碳预算制度

2019年11月德国联邦议院通过了《联邦气候保护法》,以法律的形式确定减排目标,明确采取碳预算制度约束各行业的年度排放。2021年德国联邦政府对《联邦气候保护法》进行了重要修订。根据修订后的《气候保护法》,2030年温室气体排放较1990年减少65%,2040年减少88%,2045年实现净零排放,2050年后实现负排放,增加LULUCF的碳汇目标,强化气候变化专家委员会(Council of Experts on Climate Change, CECC)的地位等。修订后的《气候保护法》是德国碳预算制度的法律依据,减排目标是碳预算总量的政策要求。德国碳预算制度框架与英国类似但编制更为精细,主要体现在:

(1)对不确定性的处理。减排技术的应用是实现减排目标的关键,但未来科技的发展状态很难预判;为降低不确定性风险,德国采取"减排路径意见征集 + 措施目标化"的方式编制碳预算,即分领域征集减排措施,按照1/9的比例筛选,将每项措施量化为行动目标,明确每个目标的落实路径,包括技术、政策、资金、人才等。

(2)建立"能源与其他行业分类编制"的碳预算制度。新修订的《气候保护法》为六个行业设立了至2030年的年度碳预算分配方案(表2-1),其中能源行业只明确了2020年、2022年、2030年三个年份的排放预算,但明确规定能源行业排放量在预算期内逐步减少。

表2-1 德国分行业碳预算分配方案(2020~2030年) (单位:MtCO$_{2e}$)

行业	2020年	2021年	2022年	2023年	2024年	2025年	2026年	2027年	2028年	2029年	2030年
能源	280	—	257	—	—	—	—	—	—	—	108
工业	186	182	177	172	165	157	149	140	132	125	118
建筑业	118	113	108	102	97	92	87	82	77	72	67
交通	150	145	139	134	128	123	117	112	105	96	85
农业	70	68	67	66	65	63	62	61	59	57	56
废弃物等	9	9	8	8	7	7	6	6	5	5	4

数据来源:本研究根据德国新修订的《气候保护法》整理

2.2 法国碳预算制度

2015 年，法国颁布了《绿色增长能源转型法》，并由此制定国家低碳战略（Stratégie Nationale Bas-Carbone，SNBC）。SNBC 内容包括长、中、短期温室气体减排目标、减排任务分担、评估等内容，每五年进行修订，并成立了法国气候高级委员会（HCC）负责评估政府的气候战略并对未来气候计划提出建议。法国碳预算按周期编制，执行年度碳预算计划，以行业为对象开展预算管理和周期性评估，总体上，法国碳预算制度与英国碳预算制度非常相似。表 2-2~ 表 2-4 列出了法国碳预算目标、预算调整和年度碳预算分配方案。

2.2.1 碳预算目标水平及执行情况

SNBC 1 是法国政府于 2015 年通过的第一版碳预算，涵盖了 2015~2018 年、2019~2023 年和 2024~2028 年三期碳预算目标；鉴于 2019 年法国 CITEPA [①] 清单的变化，法国对碳预算目标进行临时调整，表 2-2 展示了碳预算调整前后的具体变化。SNBC 2 是法国于 2020 年制定的第二版碳预算，依据新的减排目标及各部门的最新发展和新政策的实施，调整了第二期和第三期碳预算目标，并确定 2029~2033 年第四期碳预算目标为 300 Mt CO$_{2e}$。相对于 SNBC 1，SNBC 2 的第四期碳预算的降幅超过 30%。第二版碳预算比第一版碳预算更为严格，预算降幅超过 30%：从第一期到第四期，碳预算环比下降率分别为 4.3%、14.9%、16.4%。

表 2-2　法国碳预算目标调整变化（2015~2028 年）　　　　　　（单位：MtCO$_{2e}$）

项目	第一期（2015~2018 年）		第二期（2019~2023 年）		第三期（2024~2028 年）	
发布或修订年份	2015 年（发布）	2019 年（修订）	2015 年（发布）	2019 年（修订）	2015 年（发布）	2019 年（修订）
碳预算总量（不含 LULUCF）	442	441	399	398	358	357

注：表中数据为年平均排放量

资料来源：本研究根据法国国家低碳战略整理

2.2.2 碳预算执行思路

在国家层面，以 5 年为周期确定国家碳预算目标（表 2-3），以此为基础，依据不同行业的碳排放情况和减排潜力，由上至下将目标层层分解到各个行业，形成年度指示性目

---

① 大气污染技术研究中心（CITEPA）是法国政府指定的温室气体清单编制机构。

标（表2-4）。法国气候高级委员会依据年度指示性目标对各行业进行评估及问责。

表 2-3　法国分行业碳预算分配方案（2015~2033 年）　　　（单位：MtCO₂ₑ）

行业	第一期	第二期	第三期	第四期
交通	128	128	112	94
建筑业	79	78	60	43
农业 / 林业（不含 LULUCF）	85	82	77	72
工业	79	72	62	51
能源	55	48	35	30
废弃物	15	14	12	10
碳预算总量（不含 LULUCF）	441	422	359	300

　　注：① 表中数据为年平均排放量；②数字经过四舍五入取整后，可能会导致各主要行业排放量总和与总排放量之间存在轻微的差异；③第一期碳预算采用法国 2019 年对碳预算目标的调整数据，其余部分则是 SNBC 2 中概述的最新情景预算目标
　　资料来源：法国国家低碳战略

表 2-4　第二期碳预算的年度目标　　　（单位：MtCO₂ₑ）

行业	2019 年	2020 年	2021 年	2022 年	2023 年
交通	133	132	129	125	122
建筑业	85	82	78	75	71
农业 / 林业（不含 LULUCF）	85	83	82	81	80
工业	76	74	72	70	68
能源	51	52	48	45	42
废弃物	14	14	14	13	13
LULUCF	−39	−39	−39	−38	−38
碳预算总量（含 LULUCF）	404	397	384	372	359
碳预算总量（不含 LULUCF）	443	436	423	410	397

　　注：表中的数字经过四舍五入取整后，可能会导致各主要行业排放量总和与总排放量之间存在轻微的差异
　　资料来源：法国国家低碳战略

2.2.3 碳预算评估

大气污染技术研究中心公布数据显示，法国碳预算第一期实际碳排放超出预算目标 3.5%，造成这一现象的主要原因是能源行业（尤其是电力行业）和住宅的排放超额，并且在较小程度上还涉及交通行业。深层次的原因在于结构性变革不彻底，包括未能快速实现经济和能源结构的转型、向低碳行业投资以及能源效率改进不足等。对此，法国加强了数据收集和监测，以了解结构性变革在发展过程中对碳排放的影响；建立系统化方法，其涵盖各个领域，包括投资、重大项目或由政府管理的企业等基本因素；制定相关指标以预测结构性变革对排放的影响；加强教育和培训，提升对可持续发展和低碳经济的认知，全面推动结构性变革。评估后，调整了第二期和第三期碳预算目标，并确定 2029~2033 年第四期碳预算目标为 300MtCO$_{2e}$。

2.3 类碳预算制度

新西兰《气候变化应对（零碳）修正案》（2019 年）设立国内低碳发展目标，提出到 2050 年将所有温室气体净排放量减少到零，但生物甲烷除外，2050 年生物甲烷排放量要比 2017 年减少 24%~47%。为实现目标，新西兰政府制定了五年为一个周期的排放预算，根据预算制定和实施适应与减缓气候变化的协调政策，成立独立的气候变化委员，负责提供专家建议和评估。

瑞典《气候法案》（2018 年）设定了到 2045 年实现净零排放的最终目标，提出了 10 年为一个周期的节点目标，并要求每四年制定一项气候行动计划以实现这些目标。独立的气候政策委员会负责评估进展并向政府报告。

丹麦《气候法案》（2019 年）设定了到 2050 年实现气候中和的目标，并提前 10 年设立了五年为一个周期的目标。独立的气候委员会对排放路径和政策提出建议，并评估政府的气候变化措施的执行情况。

墨西哥《气候变化法》（2012 年，2018 年修订）设定了长期目标（要求在 2050 年碳排放水平降低到 2000 年的 50%）以及 2030 年中期排放目标（22%，如获国际支持则上升到 36%），气候变化委员会的独立专家提供咨询、政策建议和气候战略审查。

各国具体的法律不尽相同，但共同点在于为实现长期目标设定中期目标和行动计划，有独立的科学咨询评估机构。

2.4 国际碳预算制度建设经验小结

碳预算制度是为实现既定减碳目标服务的制度创新，正在由全球层面下沉到国家和行业。国家层级的碳预算制度已经在英国、法国、德国等七个国家建立并实施。这些国家的碳预算制度框架大同小异，由"国家长期减排目标、长期减排目标的碳预算方案编制、碳预算执行计划、预算执行评估、预算调整"五个部分构成。

2.4.1 国家碳预算制度的异同

总体上，已经实施碳预算的国家在制度体系设计上基本一致，共同之处在于：

第一，以法定减排目标作为编制国家碳预算方案的依据；

第二，采取碳排放需求预测＋行业减排措施评估相结合的方式编制碳预算方案；

第三，在碳预算方案基础上制定碳预算执行计划，按部门给出减排指引，并给予相应的财政预算或资金筹措方案；

第四，设置了碳预算执行评估机制，根据评估结果提出次年的执行计划调整建议；

第五，建立了独立的第三方机构作为国家碳预算编制和执行的重要参与机构；

第六，碳预算实行全域碳排放管理，将碳市场纳入碳预算管理范畴；

第七，鉴于未来经济、技术发展的不确定性以及国际气候形势变化带来的长期减排目标改变，碳预算目标可"依法"调整；

第八，碳预算是控制与调节机制，并非考核机制。

综上，国家长期减排目标是碳预算方案编制的依据，碳预算方案是将政府计划的长期减排目标值分解为短期目标，在此过程中，需要结合未来产业、人口、政策、技术变化研判对碳排放需求进行"自上而下"的预测，以此为情景假设，采取"自下而上"的方式对关键行业的减排措施进行减排量和经济社会影响评估，根据评估结果和行业磋商结果，形成碳预算执行计划，执行计划包括阶段性减排目标、减排政策、工程部署和所需投资规模。尽管碳预算方案和执行计划对每个周期设定了碳排放的"天花板"指引，但"天花板"并非行业短期减排硬性约束指标，而是"能力可达"的目标建议；各行业根据碳预算执行计划制定政策、部署工作，最后由独立第三方机构对执行情况进行评估，为下一期碳预算方案编制或调整提供依据；预算调整包括对原有预算进行修订、更新或重新评估，以适应新的情况、目标或政策。碳预算借贷机制是允许责任主体通过优化碳预算时空配置降低经济影响。这几部分环环相扣、紧密关联，共同构成国家碳预算编制的核心要素（图2-1）。

各国碳预算的区别主要体现在执行层面，如德国碳预算制度给予了能源行业最大的灵活性，没有按年度对能源行业制定碳预算，只在关键年份设置碳预算目标以提供方向性和里程碑式的减碳指引。这是由于德国政府认为短期内难以准确制定能源产业发展路径和减碳措施，能源行业的碳预算方案编制缺乏基础。反观法国则不同，法国碳预算设立了能源行业的年度预算目标，相比德国更为明确。英法德三国同为欧洲主要经济体，在文化和制度上同根同源，即使如此，各个国家的碳预算制度仍然存在差异，说明在构建碳预算制度之前，有必要开展国情适用性分析，明确可借鉴、需修改、要重建的部分。

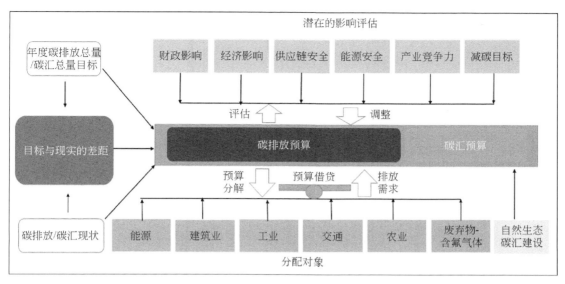

图 2-1 碳预算编制的核心要素

2.4.2 英国碳预算制度与我国节能减碳管理制度的异同

英国碳预算制度与我国现有节能减碳管理制度（简称我国减碳管理制度）在制度定位、制度功能和编制方式上有较大的不同，其充分考虑了碳排放总量管理对经济的影响，将"碳"作为驱动经济增长的新动力，通过详细的减碳行动成本核算，制定了迈向碳中和不同阶段的减碳路径。碳预算制度与我国减碳管理制度在任务分解、减碳路径的技术分析方法、管理方式等方面基本一致。以下对英国碳预算制度与我国节能减碳管理制度的主要异同进行简述。

（1）英国将碳预算制度作为长期目标与短期行动的"接驳器"，我国节能减碳政策和措施繁多，但系统性和集成性不足。

英国碳预算制度作为衔接《气候变化法》规定的长期减碳目标与经济社会活动碳排放需求的行动统领，制定了"2+1+N"制度体系，内容相互衔接、同步实施，将英国《气候变化法》确定的长期减排目标转化为透明、公开、可执行、可监控的阶段性碳排放管理制度，形成了政策集成。例如，《碳预算方案》提出了五年为一周期的碳排放空间总量（五年碳预算量）和支撑路径；《碳预算执行计划》将碳预算总量分解到各行业，并提出了每个行业满足碳预算空间的具体措施，以及每项措施每年可能产生的减碳量、里程碑目标；《零碳之旅》进一步将五年的行业碳预算量分解到每一年作为行业碳排放指引；系列碳预算方法学报告提供了编制碳预算重要的技术支撑，嵌入到以上文件和报告中。

我国已经制定了双碳"1+N"政策体系，明确了要实现碳中和，这是我国制订的长期减排目标，也提出了中期减排目标，但目标通过何种措施或政策实现，每种措施对目标的贡献有多大，实施措施的资金如何保障，对经济就业的影响程度如何等，尚缺乏详细的与长期目标挂钩的具有高信度的短期行动方案。我国各级政府和部门出台了 N 项节能降碳相关法律法规和行动方案，如《碳排放权交易管理暂行条例》《中华人民共和国节约能源法》《中华人民共和国可再生能源法》《中华人民共和国循环经济促进法》《中华人民共和国清洁生产促进法》等。但大部分政策对长期减排目标如何达成，缺乏系统性、整体性和目标对应性。应将现有"N"项相关政策进行集成、对重要措施开展投资效益分析，研判减碳措施部署的经济性和减碳贡献，通过碳预算制度将"1+N"政策进行量化耦合，形成制度合力。

（2）英国的减碳路径设计和碳预算分解以经济影响评估为重要依据，我国减碳路线图更偏重技术分析。

在英国碳预算"2+1+N"政策体系中，"经济影响""成本效益""转型成本"等表述无处不在，出现在每份报告和文件中，已细化到了分行业重要减碳措施的成本效益分析，以此作为这项措施是否能够得到投资和持续运营的依据、作为宏观经济影响评估模型关于投资量参数的重要依据之一。我国对于减碳政策的研究也非常丰富，特别是"双碳"目标提出后，地方政府和行业部门不断出台实施方案、行动计划、关键举措等，从公开发布的政策文本内容来看，主要是对行动和行动目标的描述，对行动的经济预评估着墨不多；在公开发表的研究成果中，对于减碳政策的影响和效果评估以后评估为主。实际上，低碳行动改变了经济增长方式，代表新经济的崛起，对现有经济发展模式的影响是巨大的，体现在经济增长速度和规模的变化，也不可避免对就业、投资、产业竞争力产生影响，而经济影响是各级政府和公众最为关注的领域，也是"双碳"行动得以持续开展的充要条件。

（3）英国、德国、法国等政府设立了服务碳预算的专家委员会，我国智库主要服务职能部门。

碳预算作为全域性碳排放总量管理制度，在预算编制、进展评估、预算调整等方面需要多学科背景的专业研究人员开展大量分析工作，贯穿碳预算执行的全过程，仅由政府工作人员来承担是不现实的。在英国、法国、德国碳预算制度体系中，气候变化专家委员会发挥了很大作用，与碳预算管理部门形成了良好的合作关系。我国高校、科研机构众多，在基础研究方面提供了丰硕成果；我国大部分省级以上人民政府设有直属研究机构，为当地政府决策部署提供专项咨询服务。

（4）英国碳预算制度采取隐形问责机制，需要依托其他机制配合执行，我国减碳管理制度是"硬任务"，减碳效果立竿见影。

在英国碳预算制度体系中，出现最多的词是"预算""指引""建议"等，调研发现，英国碳预算执行效果的保障，主要通过年度进展评估和整改方式实现，对行业是否采取了足够的减碳措施，并不会问责或惩罚，因此在英国碳预算中，没有设置"惩罚机制"，而企业主动采取减碳措施，其现实压力主要来自碳市场高压管理，但碳预算计划是否如期实施，地方政府需要向议会和公众述职，实质是对政府有隐形问责的要求。我国减碳管理制度自"十一五"开始实施后，主要采取"约束性目标管理"方式，发挥了强有力的低碳引导作用，但通过压力层层传导，可能对企业正常生产经营产生一定影响，目前尚没有出台有效解决方案。在碳排放总量管理制度设计时，如何降低减碳对经济的影响，是决策者非常关注的问题。

（5）两种制度均为低碳投资释放出明确、具体、可预期的稳定信号。

英国《气候变化法》及其碳预算制度为英国的产业发展和投资低碳经济提供了更大的明确性和可预期性。《碳预算方案》对各行业的减排路径进行了减排贡献量和经济社会影响分析，《碳预算执行计划》在减排路径基础上提出了具体的减排措施和政策实施时间表，通过项目部署、资金筹措、减排政策发布等明确而具体的行动，坚定了市场信心。特别地，英国《碳预算方案》一般提前十二年编制，给市场十年时间消化和运作，不仅为碳预算实施做好了准备，使各项计划有条不紊地开展，也为英国低碳经济的发展提供了强有力的政策和经济激励，稳定了市场预期。我国节能减碳目标一般提前五年发布，为各级政府统筹规划五年内的经济社会活动提供了预期性的能源消费、碳排放和经济增长的目标指引。

第3章　国际碳预算制度的中国适用性分析

任何制度都根植于民族文化和政治制度，需要与现有的行政组织架构相耦合，不同的传统文化和沿袭下来的管理模式，决定了对相同问题的不同处理方式。我国已经建立了能源消费总量和强度"双控"制度和碳排放强度"单控"制度，从能耗"双控"转向碳排放"双控"管理，即在现有的管理体系中增加碳排放总量管理制度，而且我国碳达峰碳中和"1+N"政策体系已经建立，在此背景下无论采取何种机制都要考虑新制度的定位与现有制度的衔接问题。此外，我国有国家碳市场和地方碳市场，存在用能权交易、绿电交易、绿证交易等市场，能源与碳排放分属不同部门管辖，等等。碳预算制度作为碳排放总量管理的新机制正在全球和国家层面实施，相关理论研究、模型工具较为丰富，政策体系已经构成，他山之石可以攻玉，国际碳预算制度提供了参考和实践经验，但不能直接复制，须开展中国适用性分析。通过介绍和分析国际上正在实施的碳预算制度，结合我国国情，提炼出可借鉴、需调整、本土化创新的要素，总体上，需要开展本土化创新的要素比较多，留下了研究和制度创新空间。

3.1　具有参考价值的要素

3.1.1　基于国家中长期减碳目标编制碳预算

碳预算制度不是为短期减排目标服务，而是将长期减排目标以经济社会可接受的方式分解到每个阶段，引导整个社会沿着长期减排的轨迹发展。因此，制定国家或地区中长期减排目标、科学估算碳排放空间，是科学编制碳预算方案的首要任务。从全球碳预算到英德法的国家碳预算，均是瞄准长期减排目标的减碳行动计划。我国正为"双碳"目标而努力，各省（自治区、直辖市）正在制定碳达峰行动方案，已经具备编制碳预算的条件和需求。

3.1.2 善用已有减排机制，形成制度合力

碳市场是利用市场机制驱动企业减排的重要工具，与行政管制相比，碳交易确实可以以较低的成本实现同样的减排目标。英国碳预算启动时，英国尚未脱欧，是欧洲碳排放交易制度（EU ETS）的重要参与者，而 EU ETS 对超配额排放具有强有力的经济惩罚措施，即使碳预算和减排目标的强制力不足[①]，仍然能在减排措施部署、资金投入和 EU ETS 减碳约束共同作用下实现预算目标。因此，2020年，英国正式脱欧后，积极开展本国碳市场建设，旨在弥补英国《气候变化法》侧重规定政府的职责与义务，但是较少规范温室气体排放者本身的义务这一不足；碳市场通过配额给出了企业碳排放"上限"，但没有给出如何将碳排放控制在"上限"内的措施，《碳预算执行计划》则提供了分行业的减排措施、减排政策、资金筹措，两个制度相互衔接、相互支持，既避免了重复考核，又切实发挥了威慑作用，还为企业减排提供了抓手。英国碳预算与碳市场的协作方式为我国碳预算和全国碳市场的相互衔接提供了参考。

3.1.3 开展碳预算方案的预评估和后评估工作

采用多学科工具对拟实行的政策开展预评估和后评估在我国能源治理体系中尚未形成制度。评估是碳预算制度体系中的重要环节，英国采用了 E3ME 模型对编制的碳预算方案进行经济社会影响预评估，根据评估结果选择更符合当下实际的预算分配方案，降低执行风险；法国通过后评估找到了出现碳预算赤字的原因。评估碳预算与 NDC 目标与行动的交互关系，以及评估碳市场与碳预算在衔接中可能出现的问题等，提高了制度兼容性和可行性。我国在设计碳预算制度时，可考虑将评估嵌入制度体系中，增强决策的科学性。

3.1.4 重视数据收集和监测

数据是碳预算管理的基础。我国开展节能评审和碳市场试点多年，部分高能耗高碳排放的企业具备一定的数据基础，但我国尚未建立完善的碳排放统计清单编制制度，需要构建全域碳排放数据统计监测核算体系，在现有的统计报表中增设碳排放栏目，对现有计量设备进行功能拓展（如带有碳计量功能的电表），目前我国尚无对碳市场外的碳排放数据进行统计核算的工作机制，这是碳预算制度建设亟需解决的数据短板问题。

---

① 《气候变化法》仅规定未完成碳减排目标或碳预算时，政府要向议会说明理由以及预计能够完成的时间，除此之外再无其他法律后果。

3.1.5 碳预算的分解主体与责任主体不同

英法德国碳预算的分解是以行业／部门为对象进行周期和年度预算计划，但责任主体是政府主管机构。这是由国家的政治体制决定的，以英国为例，中央政府拥有立法、预算、分配等权利，碳预算的制定和分配属于中央政府的权责范围，因此中央政府直接制定行业预算计划，而碳预算的实现是需要政府出台减排政策、部署减排措施、给予财政支持或资金筹措方案，因此碳预算实现与否，政府承担责任。我国目前实施的能耗"双控"与碳排放强度"单控"制度采取的是按照行政区划"层层分解"的分配方式，这种方式的优势在于有明确的责任主体，便于落实任务和考核，缺点是制度成本较高，难以通过市场发现减排主体（企业）真实的边际减排成本。从已经公布的城市碳达峰行动方案的内容来看，其是按照部门（行业）布置减碳任务，实行政府考核问责，这点与国外碳预算制度无异，可以直接沿用我国现有的能耗"双控"和碳排放强度"单控"分解与考核制度。

3.2 需要修正的要素

3.2.1 调整碳预算与其他制度的互补方式

英国《气候变化法》主要通过报告、说明理由和信息公开等程序性规定，来保障碳预算的有效实施。尽管这些措施属于相对"软性"的约束手段，但之所以能够产生实质性效果，与英国企业参与欧盟碳排放交易体系密切相关。这是因为，欧盟碳市场的碳价较高，并对部分行业实行配额拍卖制度，对未履行减排义务的企业还设有高额经济惩罚机制。这些强制性的市场约束，有力地支撑了英国碳预算制度的实施，使得原本"程序导向"的软性措施具备了现实约束力。目前我国碳市场管理范围单一、碳价较低、尚未实行配额拍卖制度，无法像 EU ETS 那样形成对碳预算的执行约束。

我国碳市场已经建立，发电行业年度排放达到 2.6 万 tCO_{2e}（综合能源消费量约 1 万 tce）及以上的企业被纳入国家碳市场管控，碳预算作为全域性碳排放总量管理制度，其制度设计必须考虑如何处理与现有碳市场的覆盖范围、分配标准、抵消机制等的关系，同时碳市场也应该在碳预算制度中发挥作用。英国碳预算不设考核履约机制，在行业层面编制预算，企业层面执行预算，通过碳市场的拍卖和履约机制驱动预算执行，实现了两个制度的互补。但我国碳市场覆盖行业单一，还不适用英国"双碳互补"模式，至少在我国碳市场扩容前，将碳预算执行情况纳入官员的政绩考核指标体系仍然是过渡期的必须手段。鉴于我国已经实施了能源消费总量和强度"双控"制度，建议在过渡期仍然依托能耗"双控"考核制度开展碳预算进展监控。

3.2.2　强化国家气候变化委员会在碳预算制度体系中的职责权威

国家碳预算从编制、监控、评估到调整每个环节均需要投入大量的人力、物力和专业技能，国际上主要通过组建专家委员会的方式协助政府开展碳预算。联合国政府间气候变化专门委员会（IPCC）负责对全球碳预算执行情况进行评估，英国气候变化委员会（CCC）是英国负责碳预算的专家委员会机构，德国气候变化专家委员会（CECC）是德国负责碳预算的专家委员会机构，法国气候高级委员会（HCC）是法国负责碳预算的专家委员会机构。这些国家的气候变化委员会负责碳预算编制、执行与评估，具有较高的职责权威。我国已经于2007年成立了国家气候变化专家委员会，目前主要发挥科技咨询和政策建议作用，未来要在碳预算中承担类似CCC/HCC/CECC机构的功能，需要明确其行政地位并赋予其在碳预算事前、事中和事后全流程中的建议、监督和审核等职责和权威。

3.3　需要开展本土化创新的要素

3.3.1　我国碳预算编制面临"达峰增量"和"中和减量"任务分解问题

我国尚未实现碳达峰，这就决定了我国碳预算制度相比已经达峰国家的碳预算制度更为复杂。在碳达峰前，碳预算编制面临"增量"估算与分配问题，与"发展权"直接挂钩；在碳中和阶段，主要是减碳任务分解问题，与"减碳潜力"更相关，因此在碳达峰前后碳预算制度发挥的作用不同。此外，我国已经明确将逐步从能耗"双控"向碳排放"双控"考核制度转变，在制度转变的过渡期和完成期，碳预算制度在我国气候治理体系中的位阶是不一样的，这就决定了我国的碳预算编制方法不能照搬国际经验，碳预算制度体系设计须考虑到我国所处减碳阶段及不同阶段对政策创新的需求。

3.3.2　碳预算顺利运行须重点解决部门政策协同问题

英国的政治体制与中国不同，议会是最高立法机构，管辖英国政府各部门，包括碳预算责任单位能源安全和净零排放部和英国排放交易计划管理局，这两个机构都需要向议会提交工作报告，在议会的许可下开展各项工作。碳预算和碳市场都是英国《气候变化法》规定的减排行动，但具体如何衔接，需要在次级法中予以明确。从实际来看，英国碳市场的管理已经体现在英国碳预算目标、行动计划中。这点值得借鉴，但碳预算制度和碳交易制度如何衔接涉及两个对应部门的协调，这需要开展本土化创新工作。

在我国，国务院即中央人民政府，是最高国家权力机关的执行机关，由国家发展和改革委员会、生态环境部等 26 个部门组成，其中生态环境部主管碳市场，国家发展和改革委员会是能源相关业务主管部门，也是"双碳"目标的管理部门，在"碳"管理问题上两个部门均有涉足，但分工不同。碳预算作为全域碳排放管理制度，预算目标须对标"双碳"目标，其执行、评估和调整是在企业层面，涉及部门碳市场管控范围，国家发展和改革委员会、生态环境部的工作必然发生交叉，而作为两个平级机构，如何协同实施"碳管理"，需要上级部门（国务院）的协调。建议在国家和省级层面成立碳预算工作领导小组，由国家发展和改革委员会负责执行和管理，国家气候变化专家委员会负责碳预算方案编制、碳预算进展评估和预算修正建议，国家气候变化专家委员会在国务院的授权下开展部门政策和数据协调工作。

3.3.3 碳预算方案评估模型的本土化建设

从国际经验看，碳预算方案的预评估是编制《碳预算执行计划》的关键科学基础，进展评估是提出碳预算调整建议的依据，评估贯穿碳预算编制和执行的全过程。对拟执行的制度开展经济社会影响全方位的预评估是我国制度建设的短板，建设我国碳预算制度，需要配套相应的评估工具。但目前英国气候变化委员会使用的碳预算相关模型只对部分国家开源（美国、印度、韩国），我国在使用时需要对模型中的指标、参数进行本土化设计。本研究将此作为拟解决的关键问题之一进行重点研究，运用多学科工具和人工智能算法，构建起由碳排放空间预算、预算的行业分解、经济影响评估等系列工具组成的碳预算评估模型体系，使之成为对政府有用、能用的科学工具。

3.3.4 碳预算须设置有限弹性

由于碳预算是对未来碳排放活动的计划，涉及经济周期、技术突破、政策、市场响应、价格变化等，经济社会发展的不确定性对碳预算编制合理性具有较大影响，因此碳预算须设置一定的弹性，这有助于提高其可行性和公信力。国际碳预算制度的弹性机制设置不尽相同，比如英国《零碳之旅》提出的碳预算执行指引通过设定行业碳预算上下限来保持预算的有限弹性；德国碳预算制度采取能源行业不设具体预算值、只设置减排趋势，其他行业设置碳预算值的方式使碳预算方案与未来情景有更好的契合度；法国碳预算采取年度行业碳预算固定、周期碳预算总量调整的方式增加碳预算的灵活性。我国的能源消费总量和强度"双控"与碳排放强度"单控"是约束性指标，尽管采取了重大项目单列的方式以体现经济增长的需求，但本质上仍然是计划控制硬性约束，基本不存在弹性空间。碳预算作为全域性碳排放管理，现有的重大项目单列方式不再适合，如何建立碳预算弹性机制，使之既具有约束力又张弛有度，也是本书要研究的内容。

第4章 省级碳预算管理制度建设思路与框架设计方案：以广东省为例

2021年12月，中央经济工作会议首次释放能耗双控制度逐步转向碳排放双控制度的信号，在碳达峰行动关键期，这一转变显得尤为重要。2023年7月，中央全面深化改革委员会第二次会议审议通过了《关于推动能耗双控逐步转向碳排放双控的意见》，标志着碳排放总量控制正式成为国家战略。广东省作为中国改革开放的先锋，四十多年来从市场经济体制改革到碳市场试点一直都是"试验田"和"先行军"。2023年4月，习近平主席在广东省考察时指出，广东省需要在推进中国式现代化建设中走在前列。作为全国首批低碳试点省、全国首批碳交易试点，广东省在绿色低碳发展方面一直走在全国前列。在这样的背景下，广东省有责任也有能力率先开展"双控"转变的研究和试点探索。本研究以广东省为例，基于地方实际情况，参考国际碳预算制度建设经验，提出一套省级碳预算管理制度建设思路及其制度体系的框架设计方案。这一思路旨在为广东省量身打造一个制度体系框架设计方案，以期在碳排放双控制度的实施中发挥示范和引领作用。通过这一制度创新，广东省将进一步巩固其在绿色低碳发展领域的领先地位，并为中国其他地区的碳排放管理提供可借鉴的经验。

4.1 碳预算制度建设的政策依据

《中共中央 国务院关于完整准确全面贯彻新发展理念做好碳达峰碳中和工作的意见》和《中共广东省委 广东省人民政府关于完整准确全面贯彻新发展理念推进碳达峰碳中和工作的实施意见》（简称《广东省"双碳"实施意见》）均明确提出将碳达峰、碳中和目标要求全面纳入全省国民经济和社会发展中长期规划，并在完善政策法规、组织保障等方面提出了"确保政策取向一致、步骤力度衔接"等要求，广东省委、省政府发布的《中共广东省委 广东省人民政府关于完整准确全面贯彻新发展理念推进碳达峰碳中和工作的实施意见》明确提出了能耗"双控"向碳排放总量和强度"双控"转变的要求。

《中共中央 国务院关于完整准确全面贯彻新发展理念做好碳达峰碳中和工作的意见》

第（三）条提出"强化绿色低碳发展规划引领。将碳达峰、碳中和目标要求全面融入经济社会发展中长期规划，强化国家发展规划、国土空间规划、专项规划、区域规划和地方各级规划的支撑保障。加强各级各类规划间衔接协调，确保各地区各领域落实碳达峰、碳中和的主要目标、发展方向、重大政策、重大工程等协调一致"。

《中共中央 国务院关于完整准确全面贯彻新发展理念做好碳达峰碳中和工作的意见》第（三十五）条提出"强化统筹协调。国家发展改革委要加强统筹……加强碳中和工作谋划，定期调度各地区各有关部门落实碳达峰、碳中和目标任务进展情况，加强跟踪评估和督促检查，协调解决实施中遇到的重大问题。各有关部门要加强协调配合，形成工作合力，确保政策取向一致、步骤力度衔接"。

《广东省"双碳"实施意见》第（三）条提出"强化绿色低碳发展规划引领，将碳达峰、碳中和目标要求全面纳入全省国民经济和社会发展中长期规划、年度计划……确保各地区各领域落实碳达峰、碳中和的主要目标、发展方向、重大政策、重大工程等协调一致"。

《广东省"双碳"实施意见》第（九）条提出"推动能耗'双控'向碳排放总量和强度'双控'转变。完善能源消费强度和总量双控制度，严格控制能耗和二氧化碳排放强度，合理控制能源消费总量，统筹建立二氧化碳排放总量控制制度。做好产业布局、结构调整、节能审查与能耗双控的衔接，建立用能预算管理制度，对能耗强度下降目标完成形势严峻的地区实行项目缓批限批、能耗等量或减量替代。强化节能监察和执法，加强能耗及二氧化碳排放控制目标分析预警。加强甲烷等非二氧化碳温室气体管控"。

《广东省"双碳"实施意见》第（二十七）条提出"完善法规规章和标准计量体系。全面清理现行法规规章中与碳达峰、碳中和工作不相适应的内容。研究制定碳中和专项法规，推动应对气候变化、节约能源、碳排放管理、可再生能源、循环经济促进等法规规章的制定修订。加快构建碳达峰、碳中和先进标准计量体系，研究制定重点行业和产品温室气体排放、生态系统碳汇、碳捕集利用与封存等地方标准。鼓励有关机构和企业参与国内国际相关标准制定"。

《广东省"双碳"实施意见》第（三十一）条提出"加强组织领导。坚持把党的领导贯穿碳达峰、碳中和工作全过程。省碳达峰碳中和工作领导小组指导和统筹做好碳达峰、碳中和工作，组织开展碳达峰、碳中和先行示范、改革创新，探索有效模式和有益经验，支持有条件的地方和重点行业、重点企业率先实现碳达峰。省发展改革委要加强统筹，组织落实碳达峰实施方案，研究谋划碳中和行动纲要，建立工作台账，加强跟踪评估和督促检查。各有关部门要加强协调配合，形成工作合力，确保政策取向一致、步骤力度衔接"。

4.2　广东省碳预算管理制度建设思路

紧紧围绕中央全面深化改革委员会第二次会议对《关于推动能耗双控逐步转向碳排放双控的意见》作出对重要部署，在坚持以下三项原则[①]基础上构建广东省碳预算管理制度。

（1）坚持先立后破，积极创造条件，制度转变是一项系统工程，不可能一蹴而就，要用好能耗双控打下的坚实基础，平稳有序过渡到碳排放双控。要落实好已出台的能耗双控优化政策，根据"双碳"工作需要，研究进一步细化完善的工作举措，为碳排放双控夯实制度基础。同时，要完善配套制度，加快健全统一规范的碳排放统计核算体系，建立健全相关管理制度，加快夯实基础能力。

（2）更高水平、更高质量做好节能工作。节约资源是我国的一项基本国策，实施碳排放双控，不意味着对节能工作有任何的放松。在碳达峰碳中和不同阶段，都要坚定不移地抓好节能工作，实施全面节约战略，不断提升能源利用效率，以最低成本推动经济持续健康发展。

（3）把握好工作节奏，统筹好发展和减排关系。碳排放双控关系经济社会发展全局，涉及方方面面的切身利益。在制度转变过程中，要把握节奏和力度，在推动绿色低碳发展的同时，根据形势发展变化不断调整优化政策举措，切实保障粮食安全、能源安全、产业链供应链安全，确保人民群众正常生活不受影响。

以上三项原则意味着，第一，碳排放"双控"并非一套"崭新"的制度，能耗"双控"是碳排放"双控"的制度基础，这就要求碳排放"双控"制度设计要与现有的能耗"双控"制度在数据、规则、管理方式等方面充分衔接；第二，碳排放"双控"要有一定的弹性，不能牺牲发展和安全来实现减排目标；第三，未来不会出现两个"双控"制度并存，而是碳排放"双控"替代能耗"双控"制度，这就要求在碳排放"双控"制度设计之初明确其制度定位，注意其在不同阶段的工作职责。

广东省碳预算管理制度建设思路：立足国际碳预算制度的中国适用性分析，结合广东省省情建设广东省碳预算管理制度，包括：①明确碳预算的制度定位；②构建碳预算制度的组织架构；③建立碳预算制度体系建设与运行流程；④编制碳预算研究报告；⑤制定碳预算实施方案；⑥发布碳预算执行指引文件；⑦构建碳预算技术工具包；⑧制订碳预算政策包。在研究过程中，将第3章中"具有参考价值的要素""需要修正的要素""需开展本土化创新的要素"嵌入广东省碳预算管理制度设计中，提出具体的解决方案。对重要的指标、参数、工具、机制等征集意见，增强广东省碳预算管理制度框架的可行性和科学性。

---

① 金贤东. 国家发展改革委 7 月份新闻发布会文字实录 [EB/OL]. https://www.ndrc.gov.cn/xwdt/wszb/qiyuefabuhui/wzsl/202307/t20230718_1358465_ext.html[2024-02-15].

4.3 碳预算制度在广东省双碳"1+*N*"制度体系中的坐标定位

2022 年 7 月，《中共广东省委 广东省人民政府关于完整准确全面贯彻新发展理念推进碳达峰碳中和工作的实施意见》提出了广东省碳达峰碳中和的时间表、路线图、施工图，标志着广东省"双碳"新征程的制度统领"1"已形成，2023~2024 年"*N*"领域的"双碳"实施方案正在陆续出台。

4.3.1 广东省双碳"1+*N*"制度体系构建的减碳蓝图是碳预算编制依据

碳预算制度作为广东省双碳"1+*N*"制度体系的"接驳器"，要将长期减碳目标分解到各阶段，因此《广东省"双碳"实施意见》《广东省碳达峰实施方案》及各领域行动方案、行业减排路径是碳预算方案编制的重要依据。"十四五"期间，广东省人民政府印发《广东省碳达峰实施方案》，随后，《广东省城乡建设领域碳达峰实施方案》《广东省发展绿色金融支持碳达峰行动的实施方案》《广东省碳交易支持碳达峰碳中和实施方案（2023-2030 年）》等"*N*"个领域的政策，以及《广东省应对气候变化"十四五"专项规划》《广东省推进能源高质量发展实施方案（2023-2025 年）》《广东省人民政府关于印发广东省"十四五"节能减排实施方案的通知》等相关文件陆续出台。表 4-1 梳理了广东省双碳"1+*N*"政策体系提出的量化目标（截至 2024 年 2 月）。

4.3.2 碳预算制度是从"1"到"*N*"的制度"接驳器"

从已经发布的"*N*"系列政策和目标（表 4-1）来看，目前各行业发布的碳达峰实施方案缺乏与"碳中和"目标、政策、措施的衔接，没有长期减碳目标锚定，难以客观判断短期减碳目标设定的合理性，也不利于产业规划与减碳措施"一盘棋"布局。在双碳"1+*N*"政策体系中增设"碳预算"作为长期与短期目标衔接、经济高质量发展与减碳行动协同的"接驳器"（图 4-1），将《广东省"双碳"实施意见》提出的长期减碳目标分解为阶段性减碳目标，其中《广东省碳达峰实施方案》及 *N* 个领域提出的碳达峰行动量化目标是编制广东省 2030 年前碳预算的重要依据，以此为基础编制广东省 2030 年后的碳预算指引，使碳达峰前后的碳排放水平、减碳路径、主要措施、政策机制形成连贯，避免出现"前松后紧"或"前紧后松"等不利局面。

表 4-1 广东省双碳"1+N"政策体系提出的量化目标

领域	政策依据	主要目标	2025 年	2030 年	2050 年	2060 年
能源	中共广东省委 广东省人民政府关于完整准确全面贯彻新发展理念推进碳达峰碳中和工作的实施意见	非化石能源装机比重	48%左右	54%左右	—	—
		非化石能源消费比重	32%以上	35%左右	—	80%以上
		能源利用效率	—	钢铁、水泥、炼油、乙烯等重点行业整体能效水平达到国际先进水平	—	—
		新增气电装机	约 3600 万 kW	5500 万 kW	—	—
		西电东送通道最大送电能力	—	抽水蓄能电站装机容量超 1500 万 kW	—	—
	广东省碳达峰实施方案	"新能源+储能"项目建设	新型储能机装容量达到 200 万 kW 以上	—	—	—
		风电和光伏发电机容量	—	7400 万 kW 以上	—	—
		二氧化碳排放	部分地区或行业达峰	达到峰值	—	中和
		单位地区生产总值碳排放	完成国家下达目标	钢铁、水泥、炼油、乙烯等重点行业整体碳排放强度达到国际先进水平	—	—
	广东省国民经济和社会发展第十四个五年规划和 2035 年远景目标纲要	煤炭在一次能源消费中占比	31%	—	—	—
		天然气在一次能源消费中占比	14%	—	—	—
		核能在一次能源消费中占比	7%	—	—	—
		可再生能源在一次能源消费中占比	22%	—	—	—
	广东省推进能源高质量发展实施方案	电源装机规模	2.6 亿 kW	—	—	—
		可再生能源发电装机规模	7900 万 kW	—	—	—

续表

领域	政策依据	主要目标	2025年	2030年	2050年	2060年
能源	广东省推进能源高质量发展实施方案	非化石能源发电装机占比	44%左右	—	—	—
		电能占终端能源消费比重	40%左右	—	—	—
		储能装机容量	300万kW	—	—	—
		天然气储备占消费量比重	8.3%	—	—	—
		新能源产业营业收入	1万亿元	—	—	—
		单位地区生产总值能耗比2020年下降	14%	全国全列	—	—
	广东省能源"十四五"规划	新增海上风电装机容量	约1700万kW	—	—	—
		新增陆上风电装机容量	约300万kW	—	—	—
		新增光伏发电装机容量	2000万kW	—	—	—
		新增生物质发电装机容量	200万kW	—	—	—
		新增核电装机容量	240万kW	—	—	—
		新增抽水蓄能电站装机容量	240万kW	—	—	—
		新增天然气发电装机容量	3600kW	—	—	—
		天然气消费量	480亿m^3	—	—	—
		原油年产量	1800万t	—	—	—
		天然气年产量	75亿m^3	—	—	—
工业	广东省碳达峰实施方案	长流程粗钢单位产品碳排放	—	比2020年降低8%以上	—	—
		原油加工单位产品碳排放	—	比2020年下降4%以上	—	—
		乙烯单位产品碳排放	—	比2020年下降5%以上	—	—
		符合二代技术标准的水泥生产线比重	50%左右	—	—	—
		单位水泥熟料碳排放	—	比2020年降低8%以上	—	—
	广东省碳达峰实施方案	高技术制造业增加值占规模以上工业增加值比重	33%	—	—	—

续表

领域	政策依据	主要目标	2025年	2030年	2050年	2060年
建筑	广东省城乡建设领域碳达峰实施方案	新建建筑的星级绿色建筑占比	30%以上	—	—	—
		新建居住建筑本体节能率	—	75%	—	—
		新建公共建筑本体节能率	—	78%	—	—
		地级以上城市建筑能效	—	提升20%以上	—	—
	广东省碳达峰实施方案	新建政府投资公益性建筑和大型公共建筑的星级占比	100%	—	—	—
	广东省城乡建设领域碳达峰实施方案	大型公共建筑制冷能效	—	比2020年提升20%	—	—
		装配式建筑占城镇新建建筑面积比例	—	50%	—	—
		施工现场建筑材料损耗率	—	比2020年降低20%	—	—
		建筑垃圾资源化利用率	—	55%	—	—
		公共机构单位建筑面积能耗	—	比2020年降低7%	—	—
		人均综合能耗	—	比2020年降低8%	—	—
		城镇建筑可再生能源替代率	8%	—	—	—
		建筑用电占建筑全电气化率	—	超过85%	—	—
		新建公共建筑全电气化比例	力争达到50%	30%	—	—
交通	广东省碳达峰实施方案	港口集装箱铁水联运量年均增长率	15%	—	—	—
		城区常住人口100万以上的城市绿色出行比例	—	不低于70%	—	—
		高速公路服务区快充站	全覆盖	—	—	—
		民用运输机场场内车辆装备电气化率	—	100%	—	—
循环经济	广东省碳达峰实施方案	大宗固体废物年利用量	3亿t左右	3.5亿t左右	—	—

续表

领域	政策依据	主要目标	2025 年	2030 年	2050 年	2060 年
循环经济	广东省碳达峰实施方案	废钢铁、废铜、废铝、废锌、废铅、废塑料、废橡胶、废玻璃等 9 种主要再生资源循环利用量	5500 万 t 左右	6000 万 t 左右	—	—
		城市生活垃圾资源化利用比例	不低于 60%	65% 以上	—	—
		规模以上工业用水重复利用率	—	90% 以上	—	—
	广东省城乡建设领域碳达峰实施方案	建筑垃圾的资源化利用率	—	55%	—	—
		乡村生活垃圾分类处理体系	—	全覆盖	—	—
森林碳汇	中共广东省委 广东省人民政府关于完整准确全面贯彻新发展理念推进碳达峰碳中和工作的实施意见	森林覆盖率	58.9%	59% 左右	—	—
		森林蓄积量	6.2 亿 m³	6.6 亿 m³		
市场机制	广东省碳交易支持碳达峰碳中和实施方案（2023-2030 年）	纳入碳交易的企业碳排放占全省能源碳排放比例	70%	75%	—	—
保障措施	广东省发展绿色金融支持碳达峰碳行动的实施方案	绿色专营机构	40 家	—	—	—
		信用类绿色债券	较 2020 年翻两番	—	—	—
		绿色金融债发行规模	较 2020 年翻两番	—	—	—
		绿色保险（参与气候和环境风险治理）	超 3000 亿元	—	—	—
		绿色信贷	绿色贷款余额增速不低于各项贷款余额增速	占全部贷款余额的比重达到 10% 左右	—	—

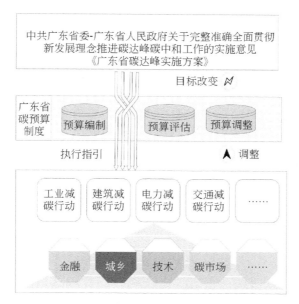

图 4-1 广东碳预算的制度定位

4.3.3 碳预算制度是"达峰"软指引与"中和"总指挥

广东省尚处于努力碳达峰阶段，未来5~6年还有新增碳排放空间。在广东省实现碳达峰前，碳预算制度在广东省气候治理体系中发挥"软约束"作用，通过碳预算编制，收集全社会碳排放数据，发现潜在的执行障碍，为政府部署产业项目提供碳排放约束参考，在这个阶段，碳预算制度不是约束机制，而是减碳指引；在迈向碳中和阶段，完成能源消费总量和强度"双控"考核制度向碳排放总量和强度"双控"考核制度的转变后，碳预算制度将成为广东省气候治理体系的总指挥，全面执行预算分配、评估、调整等活动。

具体来讲，在"十四五""十五五"期间开展碳预算制度体系建设，在建设期实行"编而不分""评估同步"的策略，即在全省开展碳预算的编制工作，但并不作为约束性指标落实到预算的责任主体，同时采集实际数据对编制结果进行评估，经过1.5个五年期的观察、评估和完善，完成碳预算制度体系建设工作。正式实施碳排放"双控"考核制度后，碳预算制度体系作为"双控"任务分解、评估、考核的科学支撑，与其他领域的制度相互协作，促进广东省平稳迈向碳中和目标。

4.3.4 碳预算是链接"1+N"制度体系与国民经济和社会发展规划的桥梁

碳预算并非简单的节能减碳规划，作为双碳"1+N"制度体系的"接驳器"，不能仅局限于"1"与"N"在减排目标上的衔接，还要"接驳"经济社会发展规划，在减碳目标分解、减碳路径推荐时，需要考虑区域发展碳排放需求、减碳技术应用的经济性、低碳产业对经济的贡献和拉动作用、减碳目标实现所需要的投资、产业政策和项目部署的衔接等，最大限度使减碳与发展融为一体。

从广东省的"十四五"国民经济社会发展规划、各领域五年发展规划的内容看，"碳达峰""碳中和""碳汇""减碳"等词汇已经频繁出现在相关规划中，但明确量化的"碳目标"少，多以定性的政策和措施描述为主，在这种情况下，"1+N"政策体系中部署的节能降碳相关目标对国民经济规划可能产生何种影响，抑或是国民经济规划的产业规模和布局对"1+N"减碳目标产生何种影响，难以判断。通过碳预算编制与评估，将减碳目标、措施与产业发展需求、规划衔接，以保障经济高质量发展所需碳排放空间，预警高碳低产出不合理项目，将双碳"1+N"目标与措施耦合在经济社会发展规划中，使减碳活动成为新经济增长点。表 4-2 展示了本研究从广东省人民政府官方网站中撷取、与"双碳"行动相关性较强的部分行业发布的"十四五"规划文件。

表 4-2　广东省主要行业"十四五"规划中的"双碳"目标一览

文件名	"碳"字的出现频次 （定量指标）/次	指标名
广东省国民经济和社会发展第十四个五年规划和 2035 年远景目标纲要	47（1）	"十三五"单位 GDP 二氧化碳排放降低 20.5%
广东省制造业高质量发展"十四五"规划	24（0）	——
广东省金融改革发展"十四五"规划	19（0）	——
广东省推进农业农村现代化"十四五"规划	41（1）	2030 年碳达峰
广东省公共服务"十四五"规划	0	
广东省能源发展"十四五"规划	69（0）	
广东省促进就业"十四五"规划	0	
广东省自然资源保护与开发"十四五"规划	59（2）	绿色碳汇空间持续扩大，到 2025 年建成高质量水源涵养林 500 万亩
广东省生态文明建设"十四五"规划	163（1）	加强具有碳汇功能的天然湿地保护，到 2025 年，全省湿地保护率不低于 52%
广东省科技创新"十四五"规划	44（1）	"碳达峰碳中和关键技术研究与应用"等领域突破 100 项核心技术
广东省综合交通运输体系"十四五"发展规划	9（1）	营运车辆单位运输周转量二氧化碳排放 2025 年比 2020 年下降 3.5%
广东省海洋经济发展"十四五"规划	44（0）	——

注：1 亩 ≈ 666.67m²

4.3.5　碳预算是全省碳排放"天花板"，碳市场是实现碳预算的市场机制

碳预算作为全域性碳排放总量管理制度，辖区范围内所有的碳排放都应在预算范围内。

目前，广东省内主要碳排放源分别由国家碳市场和广东省碳市场管辖，广东碳预算制度与碳市场的有机衔接非常重要。

广东省是我国最早开始碳市场试点的地区，到 2023 年广东省碳市场已经扩容到 8 个行业[①]，共 391 家企业合计 2.97 亿 t 配额：包括水泥、钢铁、石化、造纸、民航、陶瓷（建筑、卫生）和交通（港口）等行业年排放 1 万 tCO_2（或年综合能源消费量 5000tce）及以上的企业，以及数据中心行业年排放 1 万 tCO_2（或运行机架数达到 1000 标准机架）及以上的企业。广东省有 121 家电力企业纳入全国碳排放权交易市场配额管理，其碳排放规模约 2 亿 tCO_2[②]。根据《广东省碳交易支持碳达峰碳中和实施方案（2023~2030 年）》，提出力争在 2025 年和 2030 年，纳入碳交易的企业碳排放占全省能源碳排放比例分别达 70% 和 75%。下面将对广东省碳预算制度建设与碳市场衔接的四项主要内容提出建议。

4.3.5.1　广东省碳预算编制与国家碳市场的配额分配标准衔接

广东省碳预算制度体系属于地方碳排放总量管理制度，应以国家相关制度和规则为准绳。目前，国家碳市场第一阶段只纳入火力发电行业，广东省碳预算编制时，对纳入国家碳市场的广东省企业的碳排放量根据生态环境部发布的全国碳排放权交易配额总量设定与分配实施方案的相关通知设置预算上限，以履约核算碳排放量为预算下限，实行滚动调整；未来国家碳市场纳入更多行业时，仍然以此方式。

4.3.5.2　根据广东省碳预算总量确定广东省碳市场配额分配标准

碳预算作为长期减碳目标的短期分解，是广东省"双碳"目标下的低碳行动总指南，广东省碳市场作为区域性市场机制，是碳预算制度体系的重要构成，其碳市场配额总量应符合碳预算总体规划，以服务广东省"双碳"目标实现。因此，在扣除掉广东省控排企业获得的国家碳市场配额后，根据剩余的碳预算空间，在广东省碳市场控排企业和非控排企业之间分配，以此为依据构建广东省碳市场配额分配标准。

4.3.5.3　衔接碳预算与碳市场需要建立碳预算弹性机制和审计机制

碳市场的交易活动会造成广东省控排企业实际碳排放与配额量不一致的问题。碳市场中的控排企业可以根据交易规则向其他地区的控排企业出售、购买配额或购买国家核证自愿减排量以实现盈利或抵消超配额的碳排放，这就导致实际碳排放量与既定碳预算出现偏离。对省级碳预算制度体系而言，通过建立碳预算弹性机制可以解决这个问题，比如，通过历史交易数据统计分析，在全省碳预算编制时，通过对纳入国家碳市场的行业建立预算

---

① 广东省生态环境厅关于印发广东省 2023 年度碳排放配额分配方案的通知 [EB/OL]. 广东省生态环境厅 . https://gdee.gd.gov.cn/shbtwj/content/post_4330650.html [2024-01-11].

② 根据《广东省 2020 年度碳排放配额分配实施方案》和《广东省 2021 年度碳排放配额分配实施方案》公布的配额总量估算得到。

上下限的方式增加全省碳预算的合理性；对省级以下的城市开展碳排放审计工作，将碳市场交易活动导致的城市碳排放量增减进行统计和分析，为精准管理城市碳排放、调整全省碳预算提供依据。

4.3.5.4　碳市场的"市场激励"与碳预算的"目标约束"相辅相成

企业是碳市场的管理对象。在国家碳市场和广东省碳市场下，企业是配额分配的对象、市场交易主体和履约主体，如果企业碳排放超过了配额，必须通过购买配额或降低碳排放量才能完成履约，在经济利益驱动与经济惩罚压力下催生减碳行为。碳预算作为双碳"1+N"制度体系的"接驳器"，通过长期减碳目标的时空分解保障减碳行动沿着设定的轨迹运动，具有长期减碳约束和短期减碳指引的作用，其制度着力点是"长期""行业""地区"，与碳市场的"企业降碳激励"相得益彰，两机制相互辅助共同促进经济社会低碳转型。

4.4　广东省碳预算制度的组织架构

碳预算作为广东省双碳"1+N"制度体系的"接驳器"，要将长期减碳目标进行分解，指引广东省在不同阶段、不同行业的减碳活动，涉及产业部署、财政金融、技术研发、工程建设等经济社会各领域低碳化建设，因此碳预算制度需要在省委、省政府的领导下，由各部门共同参与建设和运行。借鉴国际碳预算制度管理体系，结合广东省现有"双碳"管理制度架构，提出以下碳预算制度的组织架构建议。

4.4.1　管理机构

广东省碳预算工作领导小组（简称碳预算领导小组）是广东省碳预算制度的最高管理机构，负责指导和统筹碳预算制度的建设和实施，以及每年向省委、省政府报告碳预算执行情况。

4.4.2　执行单位

广东省碳预算执行单位由省委组织部、省委宣传部、省发展和改革委员会、省教育厅、省科学技术厅、省工业和信息化厅、省财政厅、省自然资源厅、省生态环境厅、省住房和城乡建设厅、省交通运输厅、省农业农村厅、省统计局、省地方金融管理局、省能源局、省林业局等17个部门，以及21个地市的人民政府共同组成。结合省级权责清单，提出各单位主要分工。

省（市）委组织部：制定碳预算制度的领导干部培训方案。

省（市）委宣传部（省（市）委新闻出版社）：配合制定碳预算宣传方案。

省（市）发展和改革委员会：负责广东省碳预算制度的建设和执行，将碳预算领导小组批准通过的碳预算方案作为制定国民经济社会发展规划的"碳空间"指引；负责与执行机构沟通讨论行业碳预算方案编制的合理性与可行性，公布行业碳预算方案；建立工作台账，对碳预算执行情况进行跟踪和督促；对支撑机构提交的碳预算年度评估报告进行审核，根据碳预算执行情况和评估报告提出下一步工作建议，提交碳预算领导小组。

省（市）教育厅（局）：制定绿色低碳发展国民教育体系建设方案。

省（市）科学技术厅（局）：根据碳预算周期目标制定低碳重大技术攻关实施方案。

省（市）工业和信息化厅（局）：编制工业领域碳预算执行计划。

省（市）财政厅（局）：根据碳预算方案制定财政政策和省财政资金支持碳达峰碳中和专项工作方案；配合制定绿色低碳基金设立方案。

省（市）自然资源厅（局）：制定生态系统碳汇提升行动方案。

省（市）生态环境厅（局）：配合做好控排企业的配额与碳预算衔接工作。

省（市）住房和城乡建设厅（局）：编制建筑领域碳预算执行计划。

省（市）交通运输厅（局）：编制交通运输领域碳预算执行计划。

省（市）农业农村厅（局）：编制农业农村领域碳预算执行计划。

省（市）统计局：配合做好碳预算编制相关基础数据统计核算。

省（市）地方金融管理局：研究制定有利于实现碳预算目标及绿色低碳循环发展的金融政策。

省（市）能源局：制定能源领域碳预算执行计划；各地级以上市"五年规划"的能耗双控指标分配与碳预算执行计划的衔接方案。

省（市）林业局：配合做好生态系统碳汇提升行动方案制定工作。

市政府：监督管理行政辖区内的非控排企业碳排放，将碳市场交易活动导致的城市碳排放量增减进行统计和分析，为精准管理城市碳排放、调整全省碳预算提供依据。

4.4.3　专业支撑机构

碳预算工作包括长期减碳目标的分解、年度碳预算方案编制、执行效果评估、碳预算调整建议等，工作量非常大，且需要掌握多个学科的专业知识，需要专业机构与政府部门共同完成。建议在现有广东省气候变化专家委员会基础上，建立常态化、职能化的广东省碳预算专家委员会，参与广东省碳预算制度建设和执行全过程，负责为政府编制碳预算可选方案、开展碳预算执行的经济风险评估和"双碳"目标进展评估等工作。

4.4.3.1　广东省碳预算专家委员会的组织结构

广东省碳预算专家委员会由三个主要组成部分构成（图4-2）：碳预算编制专家委员会、碳预算评估专家委员会、秘书处。碳预算编制专家委员会负责将长期减碳目标分解为短期碳预算，编制短期碳预算方案；碳预算评估专家委员会负责开展年度碳预算执行效果评估，包括经济影响和减碳效果，提出碳预算调整建议；秘书处负责碳预算专家委员会的日常事务及交流工作。碳预算编制专家委员会和碳预算评估专家委员会均由政府任命的5~8名独立高级专家组成，专家来自经济、低碳、环境、公共管理等领域，每个委员会都有一名主席。

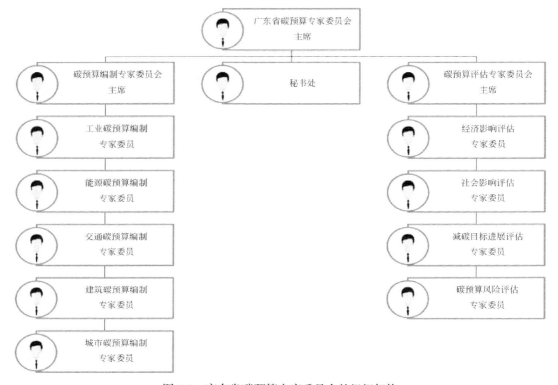

图4-2 广东省碳预算专家委员会的组织架构

4.4.3.2 广东省碳预算专家委员会的职责

广东省碳预算专家委员会的工作主要围绕三个方面展开（图4-3）：一是对周期碳预算年度计划、行业碳预算计划提出编制建议（碳预算周期与五年国民经济和社会发展规划一致）；二是评估减排进展和碳汇增汇进展；三是基于碳预算后评估提出调整建议。主要职责如下。

（1）为广东省"双碳"目标提出碳排放水平建议。根据广东省现有产业结构、产业规划、能源消费、碳排放水平等，结合国家对广东省提出的能源总量与强度"双控"与碳排放强度"单控"目标要求，提出广东省碳达峰的峰值水平，以及碳达峰迈向碳中和的碳排放空间轨迹。

（2）为广东省编制碳预算提出可选方案。根据碳达峰、碳中和目标下的碳预算水平，编制五年期碳预算方案，开展不同碳预算方案的经济影响预评估，结合国民经济和社会发展规划提出年度碳预算行业碳排放指引，供政府决策参考。

（3）评估实现减排目标的进展。每年评估广东省实现碳预算的执行效果，以及减排目标的进展和差距。这份评估报告呈交给广东省发展和改革委员会。

（4）评估碳汇增汇目标进展。每年评估广东省碳汇增汇与预算差距，通过原因分解，提出增汇具体措施建议。

（5）开展碳预算的经济社会影响后评估。每年评估广东省减碳措施的经济影响、低碳产业增长情况、就业与可持续发展水平的变化。

（6）对广东省经济面临的国内外低碳竞争风险进行预警并提供建议。根据国内外形势需要，对广东省经济增长面临的气候风险进行评估、预警，提出相应建议。

（7）提出必要的碳预算调整建议。在对碳预算执行进行经济影响评估和减碳效果评估的基础上，结合广东省经济和社会发展规划，提出碳预算调整的方向和力度。

（8）根据政府要求，提供与气候变化相关的建议、分析和信息。例如，海上风电、氢能等新能源发展对实现广东省"双碳"目标的贡献预评估，以及必要的保障措施建议。

广东省碳预算专家委员会以年度报告、周期报告的方式完成以上任务，并提供数据和方法解释。

图 4-3 广东省碳预算制度的组织架构

4.5 广东省碳预算制度的主要内容

广东省碳预算制度体系是政府在"双碳"目标下，结合五年国民经济和社会发展规划对全辖区碳排放进行规划指引的规则总称，提供决策者"碳资源"信息，以便进行合理的生产资源分配，目的在于促进"增长"与"双碳"协同实现。这就决定了碳预算制度体系不是由单一的政策或研究报告组成的，其具有较强的综合性，包括提供政策决策参考的内参报告、政府发布的政策文件，以及技术分析报告三大类。

4.5.1 编制碳预算研究报告

技术分析报告主要包括以下内容：一是广东省碳达峰碳中和多情景下部门碳排放轨迹和减碳路径、能源技术经济模拟；二是基于现行政策，预测可再生能源发电技术、建筑和交通电气化水平以及新能源技术应用的发展情况；三是对碳预算目标的经济社会影响进行预评估；四是分析碳预算与碳市场的衔接合理性。在此基础上，报告提出广东省碳预算执行的科学建议涵盖工业、建筑、交通、电力和农业农村等领域的年度减碳潜力、主要推荐减碳措施、预期减排量、财政和金融激励措施，以及碳市场的预算量等内容。

组织多学科领域专家共同编制广东省碳预算研究报告，其由两个技术报告组成。

（1）《广东省碳预算编制技术分析报告》。《广东省碳预算编制技术分析报告》主要包括：一是广东省碳达峰碳中和多情景下部门碳排放轨迹和减碳路径、能源技术经济模拟；二是基于现行政策，预测可再生能源发电技术、建筑和交通电气化水平以及新能源技术应用的发展情况；三是对碳预算目标的经济社会影响进行预评估；四是分析碳预算与碳市场的衔接合理性。在此基础上，报告提出广东省碳预算执行的科学建议，涵盖工业、建筑、交通、电力和农业农村等领域的年度减碳潜力、主要推荐减碳措施、预期减排量、财政和金融激励措施，以及碳市场的预算量等内容。

（2）《广东省碳预算进展评估报告》。《广东省碳预算进展评估报告》主要包括：根据碳预算方案与实际碳排放情况的比较（即减碳目标的偏离）、碳预算实施后对经济社会造成的实际影响（即发展目标的偏离）、《广东省碳预算执行指引》推荐的措施和政策落实情况与障碍评估、国内外经济社会环境变化对碳预算执行的影响评估，以及碳预算方案调整方案建议等分别对碳预算编制和执行提供技术支持和科学评价，以给出客观的建议。

4.5.2 制定碳预算实施方案

编制《广东省碳预算实施方案》，以内部文件的形式传递到政府各职能部门，作为产业规划、财政预算、金融政策、项目部署等工作的"碳"参考。《广东省碳预算实施方案》提出碳预算制度体系建设总体思路、碳预算建设主要任务、建设流程、部门分工等；内容主要包括预算目标、管理对象、预算周期、年度预算表、进展评估方式、预算调整机制、跨期借贷规则等，体现"双碳"行动与经济产业发展规划的"一体化"性。例如，在年度预算表中，要考虑重大产业项目部署对碳排放需求、减碳措施的经济性、需要的投资及相应的财政和金融支持等，最大限度使减碳与发展融为一体。

4.5.3 发布碳预算执行指引文件

在《广东省碳预算编制技术分析报告》的支撑下，政府编制和印发《广东省碳预算执行指引》，分别提出 2025~2030 年碳达峰期间、2030~2060 年碳中和期间的行业年度碳预算指引，包括"实现碳预算的措施和政策""每项措施和政策的预期减排量""关键措施和政策的经济影响"三部分。

在广东省碳预算制度体系中，《广东省碳预算研究报告》是基础和支撑，《广东省碳预算实施方案》是政府各职能部门开展经济社会活动部署的决策"碳"参考，《广东省碳预算执行指引》是向社会公众发布的减碳指引，稳定社会"减碳"预期。

4.6 广东省碳预算制度体系建设与运行流程

广东省碳预算制度体系由"1+2"制度构成，"1"指的是"一个指引"——碳预算实施方案，"2"由"1 套流程"——碳预算编制、预评估、审批、执行、后评估、调整、风险管理和"一个平台"——碳预算综合管理平台构成（图 4-4）。

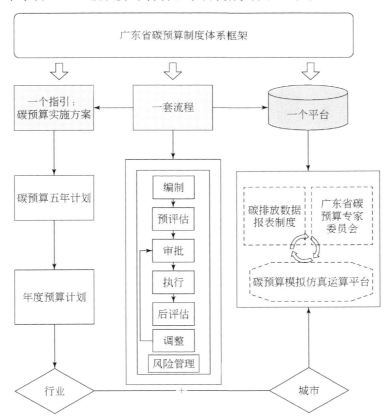

图 4-4　广东省碳预算制度体系框架

4.6.1　一个指引

碳预算实施方案：建立定期编制预算制度，包括编制主体、编制内容、支撑材料等。在收集、分析和处理相关数据的基础上，分地区、分行业编制年度碳排放预算指引方案。

4.6.2　一套流程

（1）碳预算编制：结合国民经济和社会发展规划与减碳目标，编制碳预算五年计划和年度预算计划，分城市和行业编制碳预算。

（2）碳预算预评估：采用科学工具对编制的碳预算计划进行经济社会影响预评估，增强碳预算计划的信度与效度。

（3）碳预算审批：建立审批流程，确保预算方案符合政府的经济社会发展目标和节能减碳目标。

（4）碳预算执行：根据审批后的碳预算编制方案层层执行。

（5）碳预算后评估：建立评估流程和评估方法，对碳预算执行进行年度评估和周期评估，包括经济社会影响和节能降碳目标实现。

（6）碳预算调整：建立调整规则，根据实际情况对预算进行调整和修正，以确保预算目标实现。

（7）风险管理：建立分级预警机制，根据国内外经济社会发展趋势、碳预算执行情况，向政府提交风险预警报告。

4.6.3　一个平台

碳预算综合管理平台：

（1）碳排放数据报表制度，结合广东省温室气体排放清单编制、碳市场报告制度，建立碳预算数据报表制度。

（2）碳预算模拟仿真运算平台，采用科学工具对碳预算目标、分解、影响等进行仿真运算，降低碳预算编制和执行的不确定性。

（3）广东省碳预算专家委员会，开展广东省碳预算方案编制、评估、报告等工作。

| 第 5 章 | 省级碳预算研究方案编制框架：
以广东省为例

在碳预算制度体系中，碳预算方案编制是基础，故本章聚焦碳预算方案如何编制开展研究。以《广东省"双碳"实施意见》制定的减碳蓝图为依据，借鉴英国第 1~6 期碳预算方案编制框架，结合广东省"双碳"实际及现有气候治理制度体系，以及第 4.2 节提出的"广东省碳预算管理制度建设思路"、4.5 节中《广东省碳预算编制技术分析报告》的内容，构建广东省碳预算方案编制框架。

5.1　广东省经济、能源和人口未来情景研究

编制碳预算方案是为了促进经济在低碳转型中增长和发展，经济增长速度、增长方式与人口、劳动力、资源利用效率、能源结构等要素密切相关。考虑到广东省是人口大省、经济大省和能源资源小省，需要重点对广东省未来人口规模与分布、能源消费需求、能源结构、产业发展趋势进行宏观经济发展态势预判，这是编制碳预算方案的首要任务。

5.1.1　宏观经济发展态势分析

基于广东省经济社会发展特征、产业结构发展方向、经济动能转换等发展趋势研判，设置情景参数，搭建由"收入模块""投资模块""消费模块""人口模块"组成的宏观经济结构方程模型，采用 5.1.2 节提出的人口预测方法的计算结果作为外生变量输入宏观经济结构方程模型（模型架构图见图 5-1）。运用历史数据进行模拟测算，将模拟测算结果与实际经济数据进行比对，检验模型的信度和效度；选择某年为基年，取至少 20 年历史数据，运用计量经济学软件对模型参数进行校准，对关键年份的经济总量和速度进行预测，分析比较不同情景下产业贡献与拉动力、需求对经济拉动力、分城市不同年份的经济规模和区域发展均衡程度等。

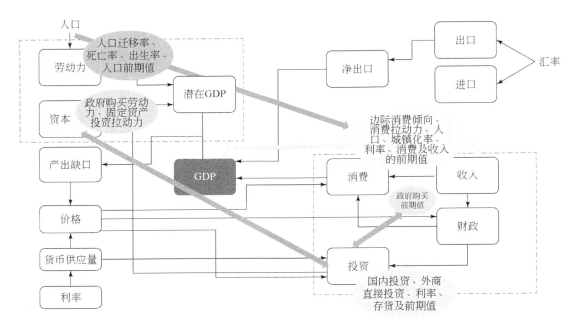

图 5-1 宏观经济结构方程模型架构图

5.1.2 人口规模及分布预测

在广东省人口现状与特征分析基础上，设置生育参数、迁移参数和死亡参数（又称为平均预期寿命参数），其中生育参数包括总和生育率、生育模式、出生性别比，迁移参数包括迁移规模和迁移模式。采用队列分要素方法和 PADIS-INT 软件对广东省中长期人口规模、劳动力供给、老龄化程度等进行预测，预测结果作为外生变量输入到宏观经济结构方程模型。

作为驱动经济增长三驾马车之一，消费需求与人口规模紧密相关。珠江三角洲对周边城市的劳动力形成较大引力效应，是导致广东省区域发展不均衡的主要原因之一，对未来广东省人口和劳动力的区域分布进行预测，是开展碳预算省内分解不可回避的内容。本研究将通过确定广东省 21 个城市平均人口密度、时间偏离度和各城市偏离度三个参数，预测每个城市的未来人口密度和规模，由此得到广东省未来随时间变化的人口空间分布。

关于人口规模和分布预测的方法将在第 7 章进行详细介绍。

5.1.3 能源消费需求预测

短期以《广东省碳达峰实施方案》提出的非化石能源消费目标为依据进行能源需求方程参数设计：到 2025 年，非化石能源消费比重力争达到 32% 以上；到 2030 年，单位地区生产总值能源消耗和单位地区生产总值二氧化碳排放的控制水平继续走在全国前列，非化石能源消费比重达到 35% 左右，顺利实现 2030 年前碳达峰目标。此外，能源消费需求与经济总产值（这里不是 GDP）、产业结构、人口规模、能源价格、能源效率密切相关。在对广东省能源消费规模、消费结构现状进行深入分析的基础上，由 6.1 节 EEC-GD 模型（Economy-Energy-CO$_2$ Emission Model of Guangdong）的能源需求方程求解得到不同宏观经济和技术情景下的分行业、分地区能源消费需求。

长期能源消费预测以短期能源消费预测结果为基础，根据实际经济社会发展状况进行模型参数调准和迭代，采取滚动预测的方式保障长期能源消费预测结果的科学性与合理性。

5.1.4 能源供给结构及技术发展前瞻

能源供给结构与技术创新、技术应用推广程度密切相关，同样存在短期预测的精准性与长期预测的趋势性之分。根据《广东省碳达峰实施方案》提出的可再生能源发电目标及十五大碳达峰行动目标，"十四五"期间新增气电装机容量约 3600 万 kW、新型储能装机容量达到 200 万 kW 以上。到 2030 年，抽水蓄能电站装机容量超过 1500 万 kW，省级电网基本具备 5% 以上的尖峰负荷响应能力；风电和光伏发电装机容量达到 7400 万 kW 以上、西电东送通道最大送电能力达到 5500 万 kW；等等。将政府公布的能源结构转型目标、国家能源发展战略、国内外能源科技发展热点和进展参数化，输入未来技术转型（Future Technology Transformations，FTT）模型进行研究。将 FTT 模型耦合到 E3ME 模型中，体现出技术创新与扩散对经济、能源、环境的影响，图 5-2 对此进行了简要的展示。

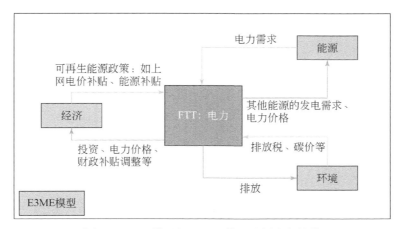

图 5-2 FTT 模型与 E3ME 模型的耦合与链接

资料来源：本研究根据 Mercure 等（2018）翻译整理

5.2 广东省碳达峰碳中和路径分析

碳达峰碳中和路径是碳预算实施的重要依据和科技核心，不同的路径决定了碳预算规模（即碳排放空间大小）。根据广东省省情，采取"横向"与"纵向"相结合的方法对广东省碳达峰碳中和路径进行分析。其中，"横向"是指广东省内 21 个城市"双碳"路线图，"纵向"是指重点行业部门的"双碳"路径。

5.2.1 部门"双碳"路径分析

梳理和借鉴国内外有关行业"双碳"路线图，结合各部门陆续出台的碳达峰行动方案、关键技术攻关部署，在能源基金会支持的 2022 年度项目成果《广东省碳达峰综合行动方案研究报告》《广东省碳中和综合行动方案研究报告》提出的工业领域、建筑领域、交通领域、农业领域、电力领域的节能减碳潜力和关键路径基础上，系统梳理各部门实现"双碳"目标采取的主要减碳措施、不同措施的温室气体减排量、实现减碳措施所需要的政策支持、投资需求及不同减碳路径下的成本效益分析。

在技术路径分析中，"自下而上"的方法通常以现有技术为依据，对潜在的未来技术欠缺考虑，而"自上而下"的方法则难以对新技术的潜在变革效应进行准确估算。由于不同行业的技术路径依赖性不同，有的适合采取"自下而上"的方法开展路径分析，如电力行业具有投资大、周期长、价值转移慢等特点，决定了研究者采用"自下而上"的方法开展路径分析在短期具有较高信度；有的适合采取"自上而下"的方法开展路径分析，如非能源行业的减碳潜力主要依赖能源结构变化，适合采取"自上而下"的方法开展路径分析。建议采用 E3ME-FTT 模型对电力减碳路径进行分析，其他行业采取"自上而下"的产业政策耦合 FTT-电力模型进行减碳路径分析。图 5-3~图 5-6 展示了《广东省碳达峰综合行动方案研究报告》中，广东省工业、建筑、交通、电力、农业领域的碳达峰情景分析结果。图 5-7 展示了电力供给侧碳达峰情景分析，图 5-8 为广东省实现碳达峰关键路径汇总。

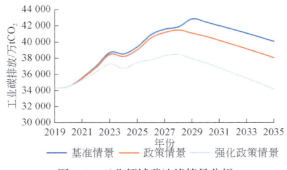

图 5-3　工业领域碳达峰情景分析

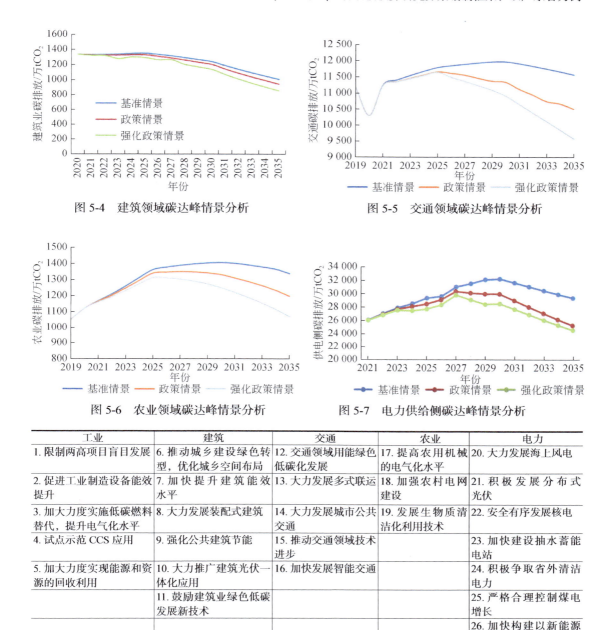

图 5-4　建筑领域碳达峰情景分析

图 5-5　交通领域碳达峰情景分析

图 5-6　农业领域碳达峰情景分析

图 5-7　电力供给侧碳达峰情景分析

工业	建筑	交通	农业	电力
1. 限制两高项目盲目发展	6. 推动城乡建设绿色转型，优化城乡空间布局	12. 交通领域用能绿色低碳化发展	17. 提高农用机械的电气化水平	20. 大力发展海上风电
2. 促进工业制造设备能效提升	7. 加快提升建筑能效水平	13. 大力发展多式联运	18. 加强农村电网建设	21. 积极发展分布式光伏
3. 加大力度实施低碳燃料替代，提升电气化水平	8. 大力发展装配式建筑	14. 大力发展城市公共交通	19. 发展生物质清洁化利用技术	22. 安全有序发展核电
4. 试点示范 CCS 应用	9. 强化公共建筑节能	15. 推动交通领域技术进步		23. 加快建设抽水蓄能电站
5. 加大力度实现能源和资源的回收利用	10. 大力推广建筑光伏一体化应用	16. 加快发展智能交通		24. 积极争取省外清洁电力
	11. 鼓励建筑业绿色低碳发展新技术			25. 严格合理控制煤电增长
				26. 加快构建以新能源为主体的新型电力系统

图 5-8　广东省实现碳达峰关键路径汇总

5.2.2　部门"双碳"路径对广东省"双碳"目标的贡献

在多个部门减碳情景下，以某个情景作为基准，分析不同目标情景下全省总减排量和部门减碳量，分别计算各部门在不同时间点的减碳量及对全省减碳的贡献度。图 5-9 和图 5-10 展示了《广东省碳达峰综合行动方案研究报告》中工业部门在碳达峰过程中分措施、分行业的减碳贡献。

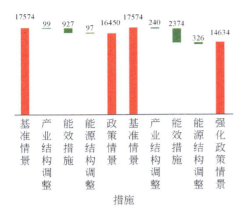

图 5-9　工业部门分措施减碳贡献（万 tCO_2）

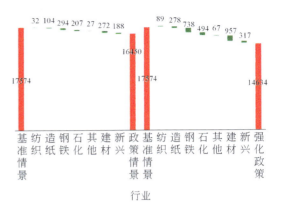

图 5-10　工业部门分行业减碳贡献（万 tCO_2）

5.2.3　城市"双碳"路径分析

重点梳理广东21个城市发布的"双碳"政策和行动，在地方政府的支持下，分"碳达峰"、"碳中和"两个阶段开展城市低碳路线图研究，分析框架如下。

1）广州市碳达峰碳中和路线图分析

（1）"双碳"目标：全市和行业减碳目标；
（2）主要措施：技术、政策和项目部署及相应的潜在减排量；
（3）成本收益分析：对主要措施和政策进行成本效益分析；
（4）推荐措施：综合以上分析提出碳达峰碳中和分阶段重要措施建议。

2）深圳市碳达峰碳中和路线图分析

（1）"双碳"目标：全市和行业减碳目标；
（2）主要措施：技术、政策和项目部署及相应的潜在减排量；
（3）成本收益分析：对主要措施和政策进行成本效益分析；
（4）推荐措施：综合以上分析提出碳达峰碳中和分阶段重要措施建议。

3）佛山市碳达峰碳中和路线图分析

（1）"双碳"目标：全市和行业减碳目标；
（2）主要措施：技术、政策和项目部署及相应的潜在减排量；
（3）成本收益分析：对主要措施和政策进行成本效益分析；
（4）推荐措施：综合以上分析提出碳达峰碳中和分阶段重要措施建议。

4）东莞市碳达峰碳中和路线图分析

（1）"双碳"目标：全市和行业减碳目标；

（2）主要措施：技术、政策和项目部署及相应的潜在减排量；

（3）成本收益分析：对主要措施和政策进行成本效益分析；

（4）推荐措施：综合以上分析提出碳达峰碳中和分阶段重要措施建议。

5）中山市碳达峰碳中和路线图分析

（1）"双碳"目标：全市和行业减碳目标；

（2）主要措施：技术、政策和项目部署及相应的潜在减排量；

（3）成本收益分析：对主要措施和政策进行成本效益分析；

（4）推荐措施：综合以上分析提出碳达峰碳中和分阶段重要措施建议。

6）珠海市碳达峰碳中和路线图分析

（1）"双碳"目标：全市和行业减碳目标；

（2）主要措施：技术、政策和项目部署及相应的潜在减排量；

（3）成本收益分析：对主要措施和政策进行成本效益分析；

（4）推荐措施：综合以上分析提出碳达峰碳中和分阶段重要措施建议。

7）江门市碳达峰碳中和路线图分析

（1）"双碳"目标：全市和行业减碳目标；

（2）主要措施：技术、政策和项目部署及相应的潜在减排量；

（3）成本收益分析：对主要措施和政策进行成本效益分析；

（4）推荐措施：综合以上分析提出碳达峰碳中和阶段。

8）肇庆市碳达峰碳中和路线图分析

（1）"双碳"目标：全市和行业减碳目标；

（2）主要措施：技术、政策和项目部署及相应的潜在减排量；

（3）成本收益分析：对主要措施和政策进行成本效益分析；

（4）推荐措施：综合以上分析提出碳达峰碳中和分阶段重要措施建议。

9）惠州市碳达峰碳中和路线图分析

（1）"双碳"目标：全市和行业减碳目标；

（2）主要措施：技术、政策和项目部署及相应的潜在减排量；

（3）成本收益分析：对主要措施和政策进行成本效益分析；

（4）推荐措施：综合以上分析提出碳达峰碳中和分阶段重要措施建议。

10）汕头市碳达峰碳中和路线图分析

（1）"双碳"目标：全市和行业减碳目标；

（2）主要措施：技术、政策和项目部署及相应的潜在减排量；

（3）成本收益分析：对主要措施和政策进行成本效益分析；

（4）推荐措施：综合以上分析提出碳达峰碳中和分阶段重要措施建议。

11）潮州市碳达峰碳中和路线图分析

（1）"双碳"目标：全市和行业减碳目标；

（2）主要措施：技术、政策和项目部署及相应的潜在减排量；

（3）成本收益分析：对主要措施和政策进行成本效益分析；

（4）推荐措施：综合以上分析提出碳达峰碳中和分阶段重要措施建议。

12）揭阳市碳达峰碳中和路线图分析

（1）"双碳"目标：全市和行业减碳目标；

（2）主要措施：技术、政策和项目部署及相应的潜在减排量；

（3）成本收益分析：对主要措施和政策进行成本效益分析；

（4）推荐措施：综合以上分析提出碳达峰碳中和分阶段重要措施建议。

13）汕尾市碳达峰碳中和路线图分析

（1）"双碳"目标：全市和行业减碳目标；

（2）主要措施：技术、政策和项目部署及相应的潜在减排量；

（3）成本收益分析：对主要措施和政策进行成本效益分析；

（4）推荐措施：综合以上分析提出碳达峰碳中和分阶段重要措施建议。

14）湛江市碳达峰碳中和路线图分析

（1）"双碳"目标：全市和行业减碳目标；

（2）主要措施：技术、政策和项目部署及相应的潜在减排量；

（3）成本收益分析：对主要措施和政策进行成本效益分析；

（4）推荐措施：综合以上分析提出碳达峰碳中和分阶段重要措施建议。

15）茂名市碳达峰碳中和路线图分析

（1）"双碳"目标：全市和行业减碳目标；

（2）主要措施：技术、政策和项目部署及相应的潜在减排量；

（3）成本收益分析：对主要措施和政策进行成本效益分析；

（4）推荐措施：综合以上分析提出碳达峰碳中和分阶段重要措施建议。

16）阳江市碳达峰碳中和路线图分析

（1）"双碳"目标：全市和行业减碳目标；
（2）主要措施：技术、政策和项目部署及相应的潜在减排量；
（3）成本收益分析：对主要措施和政策进行成本效益分析；
（4）推荐措施：综合以上分析提出碳达峰碳中和分阶段重要措施建议。

17）云浮市碳达峰碳中和路线图分析

（1）"双碳"目标：全市和行业减碳目标；
（2）主要措施：技术、政策和项目部署及相应的潜在减排量；
（3）成本收益分析：对主要措施和政策进行成本效益分析；
（4）推荐措施：综合以上分析提出碳达峰碳中和分阶段重要措施建议。

18）韶关市碳达峰碳中和路线图分析

（1）"双碳"目标：全市和行业减碳目标；
（2）主要措施：技术、政策和项目部署及相应的潜在减排量；
（3）成本收益分析：对主要措施和政策进行成本效益分析；
（4）推荐措施：综合以上分析提出碳达峰碳中和分阶段重要措施建议。

19）清远市碳达峰碳中和路线图分析

（1）"双碳"目标：全市和行业减碳目标；
（2）主要措施：技术、政策和项目部署及相应的潜在减排量；
（3）成本收益分析：对主要措施和政策进行成本效益分析；
（4）推荐措施：综合以上分析提出碳达峰碳中和分阶段重要措施建议。

20）梅州市碳达峰碳中和路线图分析

（1）"双碳"目标：全市和行业减碳目标；
（2）主要措施：技术、政策和项目部署及相应的潜在减排量；
（3）成本收益分析：对主要措施和政策进行成本效益分析；
（4）推荐措施：综合以上分析提出碳达峰碳中和分阶段重要措施建议。

21）河源市碳达峰碳中和路线图分析

（1）"双碳"目标：全市和行业减碳目标；
（2）主要措施：技术、政策和项目部署及相应的潜在减排量；
（3）成本收益分析：对主要措施和政策进行成本效益分析；
（4）推荐措施：综合以上分析提出碳达峰碳中和分阶段重要措施建议。

5.2.4　城市"双碳"路径对广东省"双碳"目标的贡献

与部门减碳贡献计算类似，收集整理 21 个城市多情景减碳路径和措施量化指标，利用计算软件将 21 个城市若干个"双碳"路径情景归类处理，以某个情景作为基准，分析不同目标情景下 21 个城市在不同时间点的减碳量及其对全省减碳的贡献度。

5.3　碳排放预算计划编制

在碳达峰前，碳预算编制面临"增量"估算与分配问题，与"发展权"直接挂钩；在碳中和阶段，主要是减碳任务分解问题，与"减碳潜力"更相关，因此碳预算计划编制要分为"达峰"和"中和"两个阶段，编制内容也略有差异。

立足广东省"双碳"目标、国民经济和社会发展规划，参考广东省碳达峰碳中和路径，分别编制碳达峰预算指引和面向碳中和目标的长效动态预算管理计划，通过分周期、年度碳排放预算计划的编制，指引全省经济发展向零碳经济迈进。

5.3.1　碳达峰预算指引编制框架与步骤

表 5-1 是广东省碳达峰阶段的预算计划编制框架构想：根据《广东省碳达峰实施方案》，到 2030 年广东省实现碳排放达峰，即在未来五年里广东省碳排放量将出现一定程度的增长。考虑到"十四五"期间能耗"双控"和碳排放强度控制仍然是主要的环境管理措施，在"十五五"期间其可能还会发挥一定作用，因此 2025~2030 年，碳预算作为能耗"双控"管理制度的辅助措施，以年度碳预算的形式进行编制。

表 5-1　广东省碳达峰阶段的预算计划编制框架

碳预算范围		2025 年 / 万 tCO₂	2026 年 / 万 tCO₂	2027 年 / 万 tCO₂	2028 年 / 万 tCO₂	2029 年 / 万 tCO₂	2030 年 / 万 tCO₂	"十五五" 能耗双控 总目标 / 万 tCO₂	"十五五" 碳强度 下降目标 / 万 tCO₂	碳预算与 能耗双控 的差距 /%
城市碳 预算	广州市									
	深圳市									
	佛山市									
	东莞市									
	中山市									
	珠海市									
	江门市									
	肇庆市									
	惠州市									
	汕头市									

续表

碳预算范围		2025 年 / 万 tCO₂	2026 年 / 万 tCO₂	2027 年 / 万 tCO₂	2028 年 / 万 tCO₂	2029 年 / 万 tCO₂	2030 年 / 万 tCO₂	"十五五" 能耗双控 总目标 / 万 tCO₂	"十五五" 碳强度 下降目标 / 万 tCO₂	碳预算与 能耗双控 的差距 /%
城市碳预算	潮州市									
	揭阳市									
	汕尾市									
	湛江市									
	茂名市									
	阳江市									
	云浮市									
	韶关市									
	清远市									
	梅州市									
	河源市									
部门碳预算	电力									
	工业									
	建筑									
	交通									
	农业									

编制步骤：

（1）根据 5.1 节和 5.2 节计算结果，运用 EEC-GD 模型对碳预算造成的经济社会影响进行预评估，选择合理的广东省碳达峰路径，估算碳达峰路径下 2025~2030 年碳排放空间，将其作为广东省碳达峰预算总量；

（2）构建城市碳预算分解标准，将广东省碳达峰预算总量分解到 21 个城市；

（3）根据碳达峰路径计算结果，将广东省碳达峰预算总量分解到五个部门；

（4）采用计算机软件，将城市碳预算和部门碳预算分解结果进行叠加和交叉运算，得到与广东省碳达峰预算总量相匹配、各城市和部门可接受的预算分解方案；

（5）将城市、部门碳预算总量分解到每年，形成年度碳预算计划。

5.3.2 碳中和预算五年计划编制框架与步骤

在碳中和阶段，碳预算分为碳排放预算和碳汇预算。其中，碳排放预算作为国民经济和社会发展规划的"碳指引"，编制周期应与五年规划一致，且以碳排放总量控制目标为编制目的。基于如上编制思路，设计了如表 5-2 所示的碳排放预算和碳汇预算五年计划编制框架。在表 5-2 中，应填写广东省实现碳达峰后以五年为一个阶段的碳预算总量（碳排放预算量和碳汇预算量）以及减碳率与碳汇增长速率，为政府产业部署提供直接的"碳"指引，直至实现碳中和目标。碳中和预算五年计划的主要功能在于与国民经济和社会发展规划与产业部署紧密耦合，一方面，城市和行业发展规划为碳预算编制提供了依据；另一方面，政府和行业应以碳预算五年计划为指引，做出科学决策。因此，在碳中和预算五年计划编制过程中，对经济社会发展的准确预测尤为关键，是碳中和预算五年计划可执行、具有公信力的保障。

表 5-2　广东省碳中和预算五年计划编制框架

预算期	时间跨度	碳排放预算量		碳汇预算量	
		5 年总量（年均预算量）/tCO$_{2e}$	相对基期碳排放量变化 /%	5 年总量（年均增量）/tCO$_{2e}$	相对基期碳汇变化 /%
GD-CB1	2031~2035 年				
GD-CB2	2036~2040 年				
GD-CB3	2041~2045 年				
GD-CB4	2046~2050 年				
GD-CB5	2051~2055 年				
GD-CB6	2056~2060 年				

注：在碳中和阶段，将六种温室气体排放量折算成二氧化碳当量进行统计

编制步骤：

（1）以 2060 年前实现碳中和为目标开展碳排放预算和碳汇预算的五年计划编制工作；

（2）2030~2060 年分三次编制碳中和预算五年计划，一次编制 10 年碳预算计划，每次编制以上一阶段碳预算实施情况为依据；

（3）与国民经济和社会发展规划编制同步启动碳中和预算五年计划编制和调整工作；

（4）在广东省政府的支持下，本研究收集整理经济、人口、能源、森林等相关数据，采用第 7 章的模型工具，运用 EEC-GD 模型对碳预算可能造成的经济社会影响进行预评估；

（5）构建城市碳预算分解标准，将广东省碳预算总量分解到 21 个城市；

（6）根据部门碳中和路径、措施、减碳量等分析结果，将广东省碳预算总量分解到五个部门；

（7）采用计算机软件，将城市碳预算和部门碳预算分解结果进行叠加和交叉运算，得到与广东省碳预算总量相匹配、各城市和部门可接受的五年碳中和预算分解方案；

（8）提出保障碳预算实现的政策、资金支持方案。

5.3.3　碳中和预算年度计划编制框架与步骤

将城市、部门五年碳中和预算计划分解到每年，形成碳中和预算年度计划指引。主要包括以下几部分内容：地区每年碳排放预算量、地区内行业碳排放空间、主要措施及减排量、财政预算、金融机构融资规模。以 GD-CB1 为例构建广东省碳中和预算年度计划编制框架（表 5-3）。

表 5-3　广东省碳中和预算年度计划编制框架（GD-CB1）

地区	行业	项目	2031 年	2032 年	2033 年	2034 年	2035 年
广州市	电力	碳排放预算量 /tCO$_{2e}$					
		减碳措施 1~n			措施描述		
		减碳率 /%			给出每条减碳措施当年减碳率		
	工业	碳排放预算量 /tCO$_{2e}$					
		减碳措施 1~n			措施描述		
		减碳率 /%			给出每条减碳措施当年减碳率		
	交通	碳排放预算量 /tCO$_{2e}$					
		减碳措施 1~n			措施描述		
		减碳率 /%			给出每条减碳措施当年减碳率		
	建筑	碳排放预算量 /tCO$_{2e}$					
		减碳措施 1~n			措施描述		
		减碳率 /%			给出每条减碳措施当年减碳率		
	农业	碳排放预算量 /tCO$_{2e}$					
		减碳措施 1~n			措施描述		
		减碳率 /%			给出每条减碳措施当年减碳率		
	碳汇	碳汇预算量 /tCO$_{2e}$					
		增汇措施 1~n			措施描述		
		增长率 /%			给出每条增汇措施当年增长率		
深圳市	电力	碳排放预算量 /tCO$_{2e}$					
		减碳措施 1~n			措施描述		
		减碳率 /%			给出每条减碳措施当年减碳率		
	工业	碳排放预算量 /tCO$_{2e}$					
		减碳措施 1~n			措施描述		
		减碳率 /%			给出每条减碳措施当年减碳率		
	交通	碳排放预算量 /tCO$_{2e}$					
		减碳措施 1~n			措施描述		
		减碳率 /%			给出每条减碳措施当年减碳率		
	建筑	碳排放预算量 /tCO$_{2e}$					
		减碳措施 1~n			措施描述		
		减碳率 /%			给出每条减碳措施当年减碳率		
	农业	碳排放预算量 /tCO$_{2e}$					
		减碳措施 1~n			措施描述		
		减碳率 /%			给出每条减碳措施当年减碳率		
	碳汇	碳汇预算量 /tCO$_{2e}$					
		增汇措施 1~n			措施描述		
		增长率 /%			给出每条增汇措施当年增长率		
佛山市	同上	同上			同上		
东莞市	同上	同上			同上		
中山市	同上	同上			同上		
珠海市	同上	同上			同上		
江门市	同上	同上			同上		

续表

地区	行业	项目	2031 年	2032 年	2033 年	2034 年	2035 年
肇庆市	同上	同上			同上		
惠州市	同上	同上			同上		
汕头市	同上	同上			同上		
潮州市	同上	同上			同上		
揭阳市	同上	同上			同上		
汕尾市	同上	同上			同上		
湛江市	同上	同上			同上		
茂名市	同上	同上			同上		
阳江市	同上	同上			同上		
云浮市	同上	同上			同上		
韶关市	同上	同上			同上		
清远市	同上	同上			同上		
梅州市	同上	同上			同上		
河源市	同上	同上			同上		
广东省	电力	碳排放预算量 /tCO_{2e}					
		减碳措施 1~n			措施描述		
		减碳率 /%			给出减碳措施当年减碳率		
	工业	碳排放预算量 /tCO_{2e}					
		减碳措施 1~n			措施描述		
		减碳率 /%			给出减碳措施当年减碳率		
	交通	碳排放预算量 /tCO_{2e}					
		减碳措施 1~n			措施描述		
		减碳率 /%			给出减碳措施当年减碳率		
	建筑	碳排放预算量 /tCO_{2e}					
		减碳措施 1~n			措施描述		
		减碳率 /%			给出减碳措施当年减碳率		
	农业	碳排放预算量 /tCO_{2e}					
		减碳措施 1~n			措施描述		
		减碳率 /%			给出减碳措施当年减碳率		
	碳汇	碳汇预算量 /tCO_{2e}					
		增汇措施 1~n			措施描述		
		增长率 /%			给出增汇措施当年增长率		

编制步骤：

（1）以表 5-2 提出的五年碳排放预算和碳汇预算量为上限，以城市为对象进行年度碳预算分解；

（2）在城市层面，以行业为对象进一步进行碳中和预算年度计划细分，结合碳预算作好各类产业的规划，在有限排放空间内优先支持有助于经济高质量发展的重大项目；

（3）为保障碳预算实现，分部门制定重要减碳增汇措施部署和成效预评估，作为年度碳排放预算编制入表；

（4）以"城市按行业统计碳预算""全省按城市统计碳预算"的方式将年度碳预算空间进行汇总，形成"预算目标—重要措施—成效预估"的预算闭环路径。

5.3.4 碳预算与碳市场衔接方式

碳预算作为长期减碳目标的短期分解，是广东省"双碳"目标下的低碳行动总指南，广东省碳市场作为区域性市场机制，是碳预算制度体系的重要构成，其碳市场配额总量应符合碳预算总体规划，以服务广东省"双碳"目标实现。因此，广东省碳市场的配额总量设定不能突破全省碳排放的预算总量"天花板"。在这一原则下，考虑到广东省碳市场与国家碳市场双轨并行的现实，以及碳市场交易活动可能导致控排企业实际碳排放与配额量不一致，进而对碳预算产生冲击等问题，我们提出广东省碳预算与两个碳市场采用不同的衔接方式。

1）广东省碳预算与国家碳市场的衔接

对目前纳入国家碳市场的广东省控排企业按生态环境部发布的全国碳排放权交易配额总量设定与分配实施方案的相关通知编制年度碳排放预算计划；当国家碳市场纳入更多行业时，仍然根据国家发布的碳市场配额总量设定与分配实施方案编制相应企业的预算。在广东省碳达峰后，为在经济平稳运行的基础上实现广东省碳中和目标，应对纳入国家碳市场的行业建立年度碳排放预算上下限，其中国家碳市场配额分配标准为上限，广东省碳预算分配标准为下限，即总体上广东省碳预算分配标准更为严格。这是由于广东省碳排放水平整体低于全国平均水平，因此广东省碳预算分配标准低于国家碳市场配额分配标准较为合理。

2）广东省碳预算与广东省碳市场的衔接

碳预算以广东省碳市场中控排企业实际履约的碳排放量为依据进行预算分解。广东省政府牵头部署城市层级的碳排放审计工作，将碳市场交易活动导致的城市碳排放量增减进行统计和分析，以精准管理城市碳排放、调整全省碳预算。

5.3.5 省市碳预算平衡表编制

广东省碳预算编制分为省、市、行业三个层级，以城市为预算管理主体、行业为实施主体。在多层级的预算编制过程中，通过编制年度预算平衡表校准（表5-4）。

表5-4 广东省碳预算平衡表编制框架 （单位：tCO₂）

地区	电力					工业					交通					建筑					碳汇				
	CB1	CB2	CB3	CB4	CB5	CB1	CB2	CB3	CB4	CB5	CB1	CB2	CB3	CB4	CB5	CB1	CB2	CB3	CB4	CB5	CB1	CB2	CB3	CB4	CB5
广州市																									
深圳市																									
佛山市																									
东莞市																									

续表

地区	电力					工业					交通					建筑					碳汇				
	CB1	CB2	CB3	CB4	CB5	CB1	CB2	CB3	CB4	CB5	CB1	CB2	CB3	CB4	CB5	CB1	CB2	CB3	CB4	CB5	CB1	CB2	CB3	CB4	CB5
中山市																									
珠海市																									
江门市																									
肇庆市																									
惠州市																									
汕头市																									
潮州市																									
揭阳市																									
汕尾市																									
湛江市																									
茂名市																									
阳江市																									
云浮市																									
韶关市																									
清远市																									
梅州市																									
河源市																									
广东省																									

5.4 广东省碳预算的潜在经济社会影响预评估

在碳预算五年计划编制过程中，必须要开展碳预算计划对经济的总体影响评估，包括影响的性质（正面或负面）、影响的程度、影响的途径，为政府采信提供依据，使碳预算计划为社会所接受，第 6 章将介绍宏观经济分析工具，其中各个参数来自微观主体决策，比如投资发生与否及规模取决于项目的成本收益分析，因此对碳预算编制时拟采用的政策和技术进行成本收益分析是经济社会影响预评估的重要内容之一。

5.4.1 成本收益分析

向碳中和迈进的产业路径将是资本密集型的，因为许多低碳技术具有较高的前期投资成本，同时与传统技术相比有较低的持续运营成本。因此，成本收益分析主要集中在两个方面：所需的前期投资，节省的运营成本。广东省碳预算计划下需要进行低碳项目成本效益分析，如表 5-5。

所需的额外投资。相对高碳项目，实施碳预算计划拟投资的低碳项目所需的建设总资金增量。例如，建设同等规模的煤电厂和海上风电场所需的资金差额。

所需的额外运营成本。额外运营成本是指减排措施与其所取代的技术之间的年运行成本差异。例如，使用热泵发电替代锅炉燃烧天然气所产生的成本差异。

年化的成本效益分析。年化的资源成本是通过将碳减排措施所产生的成本和节约加起来，并将其与替代情景下的成本进行比较来估计的，计算方式是年化投资成本减去成本节约。通过年化资源成本，可以使资本密集型和燃料密集型的技术更容易进行比较。例如，在家庭中安装节能措施（如阁楼绝缘、空心墙绝缘）会有前期成本，但会减少能源需求和碳排放。

表 5-5　广东省碳预算计划下低碳项目成本效益分析

部门	技术措施	年化成本					成本相比基年下降率	技术扩散下的年化成本
		2020 年	2025 年	2035 年	2050 年	2060 年	2060 年	2060 年
电力供应	海上风电	¥/(MW·h)	¥/(MW·h)	¥/(MW·h)	¥/(MW·h)	¥/(MW·h)	%	¥/(MW·h)
	太阳能光伏	¥/(MW·h)	¥/(MW·h)	¥/(MW·h)	¥/(MW·h)	¥/(MW·h)	%	¥/(MW·h)
	核电	¥/(MW·h)	¥/(MW·h)	¥/(MW·h)	¥/(MW·h)	¥/(MW·h)	%	¥/(MW·h)
	生物质发电	¥/(MW·h)	¥/(MW·h)	¥/(MW·h)	¥/(MW·h)	¥/(MW·h)	%	¥/(MW·h)
热力供应	空气热泵	¥	¥	¥	¥	¥	%	¥
	地源热泵	¥	¥	¥	¥	¥	%	¥
	生物质掺烧技术	¥	¥	¥	¥	¥	%	¥
交通用能	电池技术（电动车）	¥/(kW·h)	¥/(kW·h)	¥/(kW·h)	¥/(kW·h)	¥/(kW·h)	%	¥/(kW·h)
	燃料电池	¥/(kW·h)	¥/(kW·h)	¥/(kW·h)	¥/(kW·h)	¥/(kW·h)	%	¥/(kW·h)
	氢燃料电池	¥/(kW·h)	¥/(kW·h)	¥/(kW·h)	¥/(kW·h)	¥/(kW·h)	%	¥/(kW·h)
燃料供应	氢能	¥/(MW·h)	¥/(MW·h)	¥/(MW·h)	¥/(MW·h)	¥/(MW·h)	%	¥/(MW·h)
	合成燃料	¥/(MW·h)	¥/(MW·h)	¥/(MW·h)	¥/(MW·h)	¥/(MW·h)	%	¥/(MW·h)
碳移除	CCS	¥/CO_2	¥/CO_2	¥/CO_2	¥/CO_2	¥¥/CO_2	%	¥/tCO_{2e}
	CCUS	¥/CO_2	¥/CO_2	¥/CO_2	¥/CO_2	¥/CO_2	%	¥/CO_{2e}
……	……	……	……	……	……	……	……	……

通过以上基于项目的成本效益分析可以得到该项目的投资需求，但基于项目的成本效益分析没有考虑不同成本所隐含的结构性变化（如将进口天然气转变为本国风电投资带来的国际贸易影响），也没有将连带影响（健康、环境）考虑在内，因此最后仍然需要 EEC-GD 模型开展宏观经济影响分析。

5.4.2　潜在的社会影响冲击分析

碳预算计划作为广东省经济社会迈向碳中和的行动部署，不仅对宏观经济产生影响，还会对经济发展相关的就业岗位、产业竞争力、能源供应安全等产生影响。有必要对这些潜在影响开展专项分析，将评估结果作为政府选择碳预算执行路径的重要参考之一。

5.4.2.1　就业影响评估

碳预算驱动下新的低碳产业不断发展，高碳产业逐渐萎缩，但就业结构并非与产业结构同步转变，在这个过程中如果出现大规模、长时间的结构性失业现象，不仅会造成社会人力资源的巨大浪费，还会给社会稳定和经济可持续增长带来负面影响，如收入减少导致消费支出下降、有效需求萎缩、储蓄率下降、成本上升、经济下滑。因此，对碳预算计划下的就业影响评估必不可少，主要通过调研采集一手数据结合官方统计数据开展评估工作，评估内容主要包括：

（1）对低碳产业吸纳就业岗位的现状进行分析，特别是能源电力产业。

（2）分析新兴低碳产业对劳动力的就业吸纳趋势，分部门开展就业需求模拟，以提供一个政府和公众均可接受的部门碳预算执行方案。以可再生能源发电为例，太阳能光伏和海上风电替代煤电的行动将对劳动力市场产生深远影响。未来40年内，相关全产业链将需要大量的劳动力，涵盖不同岗位的需求量等。

（3）高碳产业和制造业的就业岗位减少预测分析。随着退煤战略的实施，原有煤炭行业的岗位将逐渐减少，同时考虑到未来循环经济推广，对某些产品或材料的制造需求可能会减少。这可能导致一些制造业转向基于回收利用的制造业和再利用服务领域。

5.4.2.2　对区域均衡发展的影响

广东省区域发展不平衡，珠江三角洲9个城市的地区生产总值占全省比例超过80%，余下12个城市的地区生产总值加总不超过20%，珠江三角洲与粤东西北地区存在着较大的发展落差，不仅体现在经济规模上，更为重要的是产业结构、技术水平和资源禀赋差异较大。在碳预算编制过程中，需要评估不同地区在碳预算计划下的获得经济发展"碳空间"是否能够实现"公正转型"[①]。碳预算计划将根据评估结果进行适当调整，对可能受到负面影响最大的地区进行新的投资，实现碳预算分解的帕累托最优。

5.5　提出碳预算执行计划建议

本章前四节主要的碳预算计划编制的工作内容，由广东省碳预算专家委员会组织力量开展研究，经过编制、评估、讨论、模拟、调整后，形成一套推荐给政府采用的碳预算执行计划，主要包括三部分：碳预算周期与年度计划、与计划相匹配的碳预算政策工具包、碳预算借贷机制。

5.5.1　碳预算周期与年度计划

整合经广东省碳预算专家委员会一致通过的全省碳预算计划，整理表5-2和表5-3的内容，把城市与行业逐年和五年碳预算总量统计在一张表中（表5-6），形成广东省碳预

---

① 国际劳工组织将公正的转型定义为向环境可持续经济的过渡，该经济管理良好，有助于实现人人享有体面工作、社会包容和消除贫困的目标。

表 5-6 广东省碳预算执行计划建议（GD-CB1）

（单位：tCO$_{2e}$）

地区	电力					工业					交通					建筑					碳汇					CD-CB1
	2031年	2032年	2033年	2034年	2035年	2031年	2032年	2033年	2034年	2035年	2031年	2032年	2033年	2034年	2035年	2031年	2032年	2033年	2034年	2035年	2031年	2032年	2033年	2034年	2035年	总量
广州市																										
深圳市																										
佛山市																										
东莞市																										
中山市																										
珠海市																										
江门市																										
肇庆市																										
惠州市																										
汕头市																										
潮州市																										
揭阳市																										
汕尾市																										
湛江市																										
茂名市																										
阳江市																										
云浮市																										
韶关市																										
清远市																										
梅州市																										
河源市																										
全省																										

算总表；将表 5-3 中减碳措施及其减碳率作为总表的附件，作为研究建议由广东省碳预算专家委员会向政府正式提交。

5.5.2 碳预算政策工具包

碳预算政策工具包是指为碳预算计划顺利执行而制定的机制、标准、规章制度，既包括宏观政策，如低碳产业促进政策、碳标签制度建设，也包括技术标准规范，如城市碳预算编制规范、产品碳足迹核算标准、碳预算报表制度、动态电力碳排放因子计量办法；既有财政预算与碳预算配套机制，也有金融支持碳预算执行的激励政策；既有政府文件，也有行业规范；既包括可量化的政策，也有不可量化的政策，这些政策工具将在碳预算执行过程中逐渐丰富和完善。

5.5.3 碳预算借贷机制

考虑到碳预算是基于未来经济社会发展情景预判编制的，存在一定的不确定性，碳预算执行计划需要根据现实情况进行必要的调整，其中最主要的是借贷机制。

（1）为保障碳中和目标如期实现，五年碳预算计划原则上不调整；

（2）年度碳预算可根据经济环境变化，根据一定规则进行预算借贷；

（3）分别建立城市和行业的碳预算借贷标准。

5.6 碳预算统计报表制度及其他

（1）形成碳预算统计报表制度：有关碳预算水平的建议的提出依赖于一系列数据，其中部分数据来自现有的统计体系，还有部分数据尚未包含在现有统计制度体系中，须形成碳预算统计报表制度，为碳预算编制和评估提供定期、准确、全面的数据。

（2）内部分析：每项预算建议的部门路径由广东省碳预算专家委员会秘书处制定，并通过与委员会成员的迭代过程进行完善。这一过程可以包括委托研究、在秘书处进行的建模以及基于先前工作的分析，如针对脱碳经济影响编制的专门报告。

（3）利益相关者参与：广东省碳预算专家委员会利用专门的研讨会和圆桌会议讨论与碳预算相关的主题，与一系列专家进行深入接触。这有助于确定整个经济体的减排机会、行动障碍和碳预算的潜在影响，以及满足这些要求的政策的可行性。

（4）部门咨询小组：广东省碳预算专家委员会可委托独立专家咨询小组就碳预算的具体问题提供外部意见，如基于部门减碳路径的预算建议，这些报告作为补充证据与碳预算建议一起提交给主管部门。

（5）机构建模／政府数据：广东省碳预算专家委员会在广东省政府及其下辖各市政府的支持下获取研究相关数据，开展模型分析、部门调研等工作。

第 6 章 碳预算编制工具和方法构建

科学的编制碳预算方案、出台碳预算计划、评估碳预算进展，需要采用与之相适应的工具和方法。碳预算作为一种未来碳排放空间资源配置计划，需要对不同时空的人口规模、经济规模、减碳措施应用进行预测，选择合适的经济、人口、技术分析工具非常重要。经过文献梳理、实地调研和专家访谈，建议碳预算方案编制采用以下工具开展定量分析和评估工作。

1）宏观经济分析工具耦合技术分析模型

以剑桥大学开发的经济 – 能源 – 环境宏观经济计量 E3ME 模型为雏形，参考 E3- 英国、E3- 美国、E3- 韩国、E3- 印度等，开展适合广东省碳预算编制的 EEC-GD 模型研究，通过宏观经济计量方程的联立运算，综合考虑经济增长对能源需求、能源结构变化、未来能源技术部署和应用所需的投资、减碳量、就业变化以及就业岗位变化对消费的影响，进而评估消费对经济的反作用，最终生成在经济 – 能源 – 环境交互作用下的碳预算影响分析结果。EEC-GD 模型不受其他传统宏观经济模型常见的许多限制性假设的限制，可以全面评估短期和长期影响，并且不假设优化行为和充分利用资源，是真实世界的模拟，如将非自愿失业纳入模型①。

2）人口规模预测方法

采用广泛认知的队列分要素方法作为人口预测的核心模型。该方法的基本原理是通过分析起始年份的人口结构，并应用生育、死亡和迁移三种基本人口事件的概率模型，推算下一预测年份的人口存量。随后，依此逐年推算，得出预测期内每个年份的人口规模。

---

① 2023 年 10 月 17 日，英国埃克塞特大学、剑桥大学、伦敦大学学院等高校和机构的研究人员在《自然—通讯》期刊发表了一篇题为《太阳能转型的势头》（*The momentum of the solar energy transition*）的论文，在这一论文里，研究人员使用了 E3ME-FTT 能源技术经济模拟模型，根据现行政策预测到 2060 年全球能源技术的部署情况。研究结果表明，太阳能的"不可逆转的临界点"或许已经过去，从今往后，或许无须任何进一步的气候政策，太阳能发电技术便能成为全球主要电力来源。E3ME 模型中对金融部门的描述（包括"内生货币"）现在被英国中央银行认可为准确的代表。该模型的一个核心特征是其对技术的处理，这是其他许多模型评估政策时面临的一大挑战。用于分析新技术采用和扩散的 FTT 模型的应用代表了未来新技术的市场渗透和采用趋势。

3）人口分布预测法

首先，利用已有的人口规模进行预测，该预测考虑了与人口变化相关的关键事件。接下来，利用偏离旋转法（区域维度偏离和时间维度）将全市的人口规模细分到各区域，以克服参数过多的问题。该方法的优势在于它能够有效地控制由于区域预测参数众多而可能引发的误差，并确保各区的预测值之和与全市的预测值匹配。

4）FTT 模型

FTT 模型是一个模拟技术扩散和创新变化情景进而进行技术选择的研究工具。其主要应用于能源、交通、建筑和工业等领域的技术转型研究。模型的核心是基于 Lotka-Volterra 方程组来描述技术之间的竞争和市场份额的变化，并分析和预测在各种经济、社会、政策和环境因素的影响下不同技术的选择、采纳和扩散。同时，模型综合考虑了社会影响、技术学习、消费者偏好的多样性、政策激励等多重因素，这些因素共同作用于技术的生命周期，从而影响其在市场中的表现和普及。FTT 模型还能够捕捉到技术转型的非线性特征，如路径依赖性和正反馈效应，这些特征对于理解技术如何在市场中传播和被采纳至关重要。通过与 E3ME 模型结合，FTT 模型为分析和预测能源需求、温室气体排放以及气候变化政策影响提供了一个强有力的工具。

5）情景分析法

情景分析法又称为前景描述法，是基于未来可能发生事件的概率假设，提出可能的未来情景描述，主要通过识别影响研究主体发展的外部因素，模拟外部因素可能发生的多种交叉情景，分析和预测各种可能的前景。以碳排放情景分析为例，设定一系列关键的假设变量，如经济增长率、人口增长率、能源消费模式及减碳技术的发展速度等，每个假设变量都可能对碳排放产生显著影响。根据这些假设变量的不同组合，构建多个未来情景。每个情景都代表了一种可能的未来发展路径。最后通过比较不同情景下的结果，可以更好地分析各种因素对碳排放的影响，并据此制定相应的政策和措施。

在碳预算编制过程中，使用的模型工具包括但不限于以上所列，其中情景分析法在我国应用较为广泛，本书不再赘述。宏观经济分析工具耦合技术分析模型较为少见，人口预测方法在人口学中应用较多，但大多数碳排放研究对人口学预测方法应用较少，往往采用设置人口增长率的方式预测人口，将其作为外生变量。实际上，人口作为生产者和消费者，是经济增长的主要驱动力，也通过多个维度影响能源消费和碳排放规模，因此在碳预算编制中，人口是一个重要参数。本章主要介绍宏观经济分析工具耦合技术分析模型的构建思路和人口预测方法。

6.1 宏观经济分析工具耦合技术分析模型的构建思路：EEC-GD 模型

实现碳达峰、碳中和及制定有效的碳预算方案对于任何经济体来说都是一场深刻的社会性变革，不仅要求科学准确地估算碳排放及其变动趋势，还需要深入分析各种减排政策对社会经济发展的潜在影响。

EEC-GD 是一个基于部门的动态计量模型，可以用于经济、能源和排放的政策评估。通过整合广东省的经济、能源和环境数据，构建一个能够模拟政策干预与经济增长、能源需求和环境影响之间相互作用的动态系统。EEC-GD 模型主要有以下几个特点。

（1）预测与分析：通过模型分析，预测广东省在不同政策场景下的碳排放趋势，为达成碳达峰和碳中和目标提供科学依据。

（2）政策评估：评估各类减排政策和措施（如能源消费限制、产业结构调整、技术进步等）对经济增长、能源需求和环境影响的效果，为政策选择提供参考。

（3）优化能源结构：分析不同能源政策对广东省能源结构的影响，指导广东省优化能源消费结构，提高能源使用效率。

（4）政策制定的支撑：为广东省提供一个强有力的决策支持工具，通过科学分析帮助制定更为合理的碳减排和经济发展政策。

6.1.1 EEC-GD 模型架构和理论支撑

EEC-GD 模型是为了深入分析广东省碳排放控制策略及其对经济发展的影响而设计的一种宏观经济模型。该模型建立在宏观经济理论基础之上，旨在模拟广东省在追求经济增长的同时实现能源消耗优化和环境质量改善的目标。

6.1.1.1 模型架构

EEC-GD 模型采用三维框架，整合了经济、能源和碳排放三个关键领域，以确保对广东省宏观经济动态及其与能源消耗和碳排放之间相互作用的全面理解，见图 6-1。

（1）经济模块：分析经济活动对能源需求的影响，包括产出、就业和投资等经济要素的关系和影响因素。

（2）能源模块：评估各种能源的供需情况、能源价格变化，以及能源结构调整对经济和环境的影响。

（3）排放模块：估算不同经济条件和能源消费下的碳排放量及其变化情景。

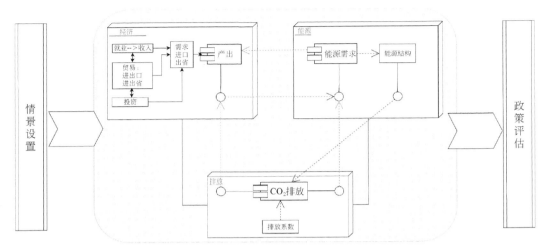

图 6-1 EEC-GD 模型结构示意图

三个模块之间的联动通过一系列数学方程和数据流实现。在 EEC-GD 模型中，经济模块产生的经济活动数据（如产出、就业和投资）为能源模块提供基础输入。同时，经济活动产生的能源需求直接影响到能源价格和能源结构的变化，这些变化又通过能源模块反馈到经济模块，影响经济决策和经济增长路径。

能源模块的输出，特别是能源消耗和能源结构的数据变动，进一步影响排放模块。排放模块依据能源消耗数据和相应的排放系数，计算出不同经济和能源情景下的碳排放量。碳排放量的变化反过来又会影响政策制定和经济策略。例如，通过引入碳税或碳交易机制等措施，促进低碳技术的应用和能源效率的提高，进一步影响经济和能源模块。

通过这一联动机制，EEC-GD 模型不仅能够模拟经济增长、能源消耗和碳排放之间的动态关系，还能够评估各种政策措施对广东省经济发展、能源结构优化和碳减排目标实现的影响，为政策制定提供科学的决策支持。

6.1.1.2 理论支撑

EEC-GD 模型借鉴当代主流经济学理论和思想，整合了宏观经济学、能源经济学、环境经济学以及计量经济学的核心原理，用于分析经济增长、能源消耗和碳排放之间的复杂关系。

EEC-GD 模型基于投入产出分析法，通过分析最终需求（包括消费、投资、政府支出和净出口）转化为整体经济的总供给，精确描述经济活动中各部门间的相互依赖性及其对总产出的贡献。这一过程揭示了经济系统内部复杂的交易网络及市场机制在资源分配和产出形成中的中心作用（Leontief，1986）。

EEC-GD 模型利用长期协整方程和动态方程细致地捕捉消费行为与经济因素（如可支配收入、长期利率等）之间的复杂关系。该模型揭示了在不同经济环境下，消费者如何调整其消费以响应收入变化和政策调整，从而在微观层面体现了总需求管理的重要性

（Mankiw，2006）。

通过投资需求方程，EEC-GD 模型展现了投资决策与经济预期、相对价格及利率之间的密切联系。该方程基于边际效率资本理论，解释了资本积累过程中未来收益预期对当前投资活动的影响，体现了政府政策在激励或抑制投资中的影响（Bernanke et al.，1999）。

EEC-GD 模型结合能源需求方程和排放方程，将经济增长与能源消耗及其环境后果连接起来。该模型考虑了技术进步和能源效率改善在减少单位经济产出的环境成本中的作用，为评估环境政策（如碳定价）对经济和环境的双重影响提供了理论依据（Stern，2008）。

EEC-GD 模型通过进出口和省际流动方程精细化地探讨了中国提出的"双循环"经济模式。该模式强调国内循环和国际循环相互促进，体现了广东省如何在新的发展格局下，优化其在全球价值链中的地位同时加强国内市场的整合和消费潜力。这一策略旨在实现经济的持续增长与环境的可持续发展，反映了地方政策在响应国家战略和推动区域经济发展中的关键作用（余永定，2021）。

6.1.2 主要假设与数据需求

6.1.2.1 模型假设

（1）市场非均衡：EEC-GD 模型假设市场可能不会始终处于均衡状态，反映了实际经济中的动态变化和不确定性。由于各种外部冲击或内部变化，供求关系可能时刻变动，经济系统可能经历周期性波动（Stiglitz，1989）。这种非均衡假设使模型能够模拟现实经济中的各种情景，如经济危机、政策变动等，以及其对经济活动、能源消耗和环境排放的影响。

（2）不完全竞争：EEC-GD 模型假设市场结构为不完全竞争，考虑到实际经济中存在的个别经济主体可能拥有市场定价权，影响商品和服务的价格水平（Syverson，2019）。这种市场形态的假设有助于模型更准确地反映企业行为和政府政策对经济活动的影响，尤其是在分析能源市场和环境政策（如碳税、排放交易）对产业结构调整的影响时。

（3）灵活价格：EEC-GD 模型内设价格具有一定的灵活性，能够响应市场供求变化进行调整。这一假设与模型中的总产出方程和消费需求方程相契合，体现了价格机制在资源配置和经济平衡中的关键作用（Nordhaus，2013）。价格的灵活性也意味着环境政策，如碳税政策和减排政策，能通过影响价格水平来调节经济活动，进而影响能源消耗和碳排放。

（4）技术进步是外生的：EEC-GD 模型假设技术进步作为一个外生因素影响经济增长、能源效率和环境排放。这意味着技术变革的速度和方向受模型内部经济变量的影响，并由模型外部的创新活动和政策决策驱动（Acemoglu et al.，2012；Hall and Mairesse，

2006）。这种假设简化了技术变革对经济系统的影响机制，使模型能够专注于分析给定技术条件下的经济和环境动态。

（5）环境政策的执行是完美的：在分析环境政策（如碳税、排放配额交易制度）的影响时，模型假设这些政策能够被完美执行，即没有执行成本、逃避遵守或监管失败的问题（Stern，2007）。这一假设使得模型能够纯粹从政策设计的角度评估其对经济和环境的潜在影响，而不考虑实际执行中可能遇到的复杂性和挑战。

（6）劳动力和资本在各部门间自由流动：假设经济中的劳动力和资本可以根据相对收益自由地在不同部门之间流动，无摩擦转移（Acemoglu，2008）。这一假设有助于模型捕捉经济结构调整和资源重新配置的动态过程，尤其是在应对外部冲击或政策变化时。它反映了一个理想化的经济环境，其中资源配置的灵活性最大化促进了经济效率的增长。

（7）消费者和投资者行为的理性预期：假设经济中的所有行为主体（包括消费者和投资者）都具有理性预期，即他们在做出经济决策时能够充分利用所有可用信息，并对未来经济条件作出最佳预测。这种假设使模型能够在分析经济政策和外部冲击的影响时，考虑到行为主体的预期调整和市场反应。

上述模型假设为 EEC-GD 模型提供了一个坚实的理论框架，使其能够适应和分析现实经济环境中的复杂动态。这些假设既增强了模型对不同经济政策、市场行为和外部冲击反应的预测能力，也明确了模型在应用时需要注意的约束条件。特别是，模型假设市场处于非均衡状态，存在不完全竞争及价格具有灵活性，允许模型捕捉到由外部冲击或政策变化引起的供需关系变动和价格调整，从而提供对经济活动、能源消耗和环境排放影响的深入洞察。而技术进步作为外生因素的假设，以及环境政策完美执行的假设，简化了某些复杂机制的建模过程，使得模型能够集中分析政策设计对经济和环境的理论影响。同时，劳动力和资本在部门间的自由流动以及经济行为主体的理性预期的假设，则进一步加强了模型在分析经济结构调整和资源重新配置过程中的应用价值。通过这些假设，EEC-GD 模型能够在考虑现实世界复杂性的同时，保持分析的聚焦性和操作性，为政策制定提供有力的决策支持。

6.1.2.2 数据需求

为了确保 EEC-GD 模型的有效运行和分析结果的准确性，模型对数据的需求具有特定的规模和粒度要求。本模型专注于省级数据，旨在通过分析广东省的经济、能源消耗和环境排放情况，提供政策制定的科学依据。

1）模型规模和粒度

年份：模型覆盖 2000~2020 年的数据，形成一个动态面板数据集。这个时间跨度允许模型分析长期趋势和周期性波动，以及政策变化对经济活动、能源消耗和碳排放的影响。

部门：模型涉及的七大部门提供了对经济活动细分领域的深入理解，使模型能够捕捉到不同部门在经济发展、能源需求和环境保护方面的独特角色和互动。

空间维度：模型可扩展到包括广东省内 21 个地级市的三维动态面板模型。这一扩展不仅增加了模型的空间维度，也使模型能够在更微观的层面上分析经济、能源和环境间的相互作用，为地方政府提供针对性的政策建议。

2）部门划分

为了捕捉经济活动的复杂性并准确分析不同经济部门对能源需求和环境排放的贡献，模型将投入产出表中的 42 个行业划分为 7 个主要部门。这种划分既考虑了行业间经济活动的相关性，又保证了模型的处理效率和结果的可解释性。

农业：包括所有农林牧渔产品和服务。

工业：涵盖从煤炭采选到高科技产品的广泛制造和加工行业。

建筑业：涉及建筑工程和相关服务。

交通运输业：包括交通运输、仓储和邮政服务。

批发零售业：涵盖批发和零售行业。

金融保险业：包括金融服务、保险及相关活动。

其他服务业：包括教育、卫生、文化、体育和娱乐等服务行业。

3）数据源

投入产出表：作为模型核心数据的来源，需要定期更新以反映经济结构的变化。

统计年鉴：提供关于 GDP、产值、消费、投资等关键经济指标的数据。

能源消费和排放数据：关于不同部门和能源类型的详细数据，用于分析能源使用效率和环境影响。

政策和市场信息：包括环境政策（如碳税、排放交易制度）的具体措施，以及市场价格变动信息。

6.2 EEC-GD 模型架构设计

模型分为三个主要模块：经济模块、能源模块和排放模块，每个模块都采用了一系列的数学方程式，以确保模型能够全面反映省级经济活动的现实情况。

6.2.1 经济模块

经济模块是 EEC-GD 模型的核心，旨在分析和预测广东省经济活动的各个方面，包括总产出、消费、投资和外部贸易。通过以下关键方程式，经济模块捕捉了经济活动的核心动力。

6.2.1.1 总产出方程

总产出方程基于投入产出分析，描述了最终需求与总产出之间的关系，揭示了经济部门间的相互依赖性及其对经济增长的影响。

（1）平衡方程：

基于投入产出模型，总产出 (Y) 与最终需求之间的关系可表达为

$$Y=C+I+G+(X-M)+(S_1-S_0) \tag{6-1}$$

式中，Y 为总产出；C 为消费；I 为投资；G 为政府支出；X 为出口；M 为进口；S_1 为国内省外流出；S_0 为国内省外流入。

（2）长期协整方程：

$$\ln(Y_i)=\alpha_{0,i}+\alpha_{1,i}\ln(C_i)+\alpha_{2,i}\ln(I_i)+\alpha_{3,i}\ln(X_{i0})+\alpha_{4,i}\ln(X_{i1})+\alpha_{5,i}\ln(T_i)$$
$$+\alpha_{6,i}\ln(ENG_i)+ECM_{i,t} \tag{6-2}$$

式中，Y_i 为第 i 个部门的产出；C_i 为第 i 个部门的消费；I_i 为第 i 个部门的投资；X_{i0} 为第 i 个部门的出口需求；X_{i1} 为第 i 个部门的国内省外流出需求；T_i 为第 i 个部门的技术水平；ENG_i 为第 i 个部门的能源强度；$\alpha_{0,i},\alpha_{1,i},\cdots,\alpha_{6,i}$ 为参数；$ECM_{i,t}$ 为误差修正项。

（3）动态方程：

$$\Delta\ln(Y_i)=\beta_{0,i}+\beta_{1,i}\Delta\ln(C_i)+\beta_{2,i}\Delta\ln(I_i)+\beta_{3,i}\Delta\ln(X_{i0})+\beta_{4,i}\Delta\ln(X_{i1})+\beta_{5,i}\Delta\ln(T_i)$$
$$+\beta_{6,i}\Delta\ln(ENG_i)+\beta_{7,i}\Delta\ln(Y_{i,t-1})-\gamma_i ECM_{i,t-1}+\varepsilon_{i,t} \tag{6-3}$$

式中，Δ 为变量的一阶差分，即短期变化；$\beta_{0,i},\cdots,\beta_{7,i}$ 为短期动态调整的参数；γ_i 为调整速度参数；$ECM_{i,t-1}$ 为上一期的长期均衡偏差，通常由长期协整方程的残差得到，$\varepsilon_{i,t}$ 为误差项；$Y_{i,t-1}$ 为滞后一期的 i 部门部出。

6.2.1.2 消费需求方程

消费需求方程描述了消费需求与经济环境因素（如收入、公共预算收入、利率、人口等）之间的长期和短期动态关系。通过引入误差修正机制（ECM），模型能够调整偏离长期均衡路径的短期波动，从而提供对消费行为变化的深入理解。

（1）长期协整方程：

$$\ln C_i=\alpha_{0,i,c}+\alpha_{1,i,c}\ln R_1+\alpha_{2,i,c}\ln R_2+\alpha_{3,i,c}\ln R_3+\alpha_{4,i,c}\ln R_4+ECM_{i,t,c} \tag{6-4}$$

式中，C_i 为消费者支出；R_1 为总可支配收入；R_2 为地方一般公共预算收入；R_3 为长期利率；R_4 为常住人口；$ECM_{i,t,c}$ 为误差修正项；$\alpha_{0,i,c},\cdots,\alpha_{4,i,c}$ 为回归系数。

（2）动态方程：

$$\Delta\ln C_i=\beta_{0,i,c}+\beta_{1,i,c}\Delta\ln R_1+\beta_{2,i,c}\Delta\ln R_2+\beta_{3,i,c}\Delta\ln R_3+\beta_{4,i,c}\Delta\ln R_4+\beta_{5,i,c}\Delta\ln R_5$$
$$+\beta_{6,i,c}\Delta\ln R_6+\beta_{7,i,c}\Delta\ln C_{i,t-1}+\gamma_{i,c}ECM_{i,t-1,c} \tag{6-5}$$

式中，R_5 为消费者价格通胀率；R_6 为失业率；$\Delta\ln C_{i,t-1}$ 为实际消费者支出的滞后一期的变化率；$ECM_{i,t-1,c}$ 为上一期的误差修正项；$\beta_{0,i,c},\cdots,\beta_{7,i,c}$ 和 $\gamma_{i,c}$ 为模型参数。

6.2.1.3　投资需求方程

投资需求方程通过长期协整方程捕捉投资与经济产出、相对价格之间的长期关系，并通过动态方程和误差修正项反映短期内偏离长期均衡的调整过程，展现了投资行为的动态调整机制。

（1）长期协整方程：

$$\ln(I_i)=\alpha_{0,i,I}+\alpha_{1,i,I}\ln(Y_i)+\alpha_{2,i,I}\ln(\frac{PI_i}{PD_i})+ECM_{i,t,I} \tag{6-6}$$

式中，I_i 为第 i 个部门的投资；Y_i 为第 i 个部门的产出；$\dfrac{PI_i}{PD_i}$ 为第 i 个部门投资的相对价格，PI_i 为投资价格，PD_i 为产出价格；$ECM_{i,t,I}$ 为长期均衡与实际投资值之间的偏差。

（2）动态方程：

$$\Delta\ln(I_i)=\beta_{0,i,I}+\beta_{1,i,I}\Delta\ln(Y_i)+\beta_{2,i,I}\Delta\ln(\frac{PI_i}{PD_i})+\beta_{3,i,I}\Delta\ln RR_3+\beta_{4,i,I}\Delta\ln(I_{i,t-1})$$
$$+\gamma_{i,I}\cdot ECM_{i,t-1,I} \tag{6-7}$$

式中，RR_3 为长期利率；Δ 为变量的一阶差分，即变量的短期变化；$I_{i,t-1}$ 为投资的滞后一期值；$\beta_{0,i,I},\cdots,\beta_{4,i,I}$ 和 $\gamma_{i,I}$ 为模型参数；$ECM_{i,t-1,I}$ 为上一期的长期均衡与实际值之间的偏差，用于衡量和调整短期波动回到长期均衡路径。

6.2.1.4　出口和进口方程

出口和进口方程反映进出口与世界需求、相对价格、汇率和技术进步之间的长期和短期关系，以及进口与省内需求、相对价格和汇率之间的相互作用，展示了贸易流量如何响应经济和政策变化，进一步体现了全球经济一体化和本地经济活动之间的动态互动。

1）出口方程

（1）长期协整方程：

$$\ln X_i(0)=\alpha_{0,i,X0}+\alpha_{1,i,X0}\ln(Y^*)+\alpha_{2,i,X0}\ln(\frac{P_X}{P^*})+\alpha_{3,i,X0}\ln ER+\alpha_{4,i,X0}T_i+ECM_{i,t,X0} \tag{6-8}$$

式中，$X_i(0)$ 为第 i 个部门的出口量；Y^* 为世界其他地区的需求；$\dfrac{P_X}{P^*}$ 为出口商品与国际市场竞争商品的相对价格；ER 为汇率；T_i 为技术进步；$ECM_{i,t,X0}$ 为长期均衡与实际出口值之间的偏差。

（2）动态方程：

$$\Delta\ln X_i(0)=\beta_{0,i,X0}+\beta_{1,i,X0}\Delta\ln Y^*+\beta_{2,i,X0}\Delta\ln(\frac{P_X}{P^*})+\beta_{3,i,X0}\Delta\ln ER+\beta_{4,i,X0}\Delta T_i$$
$$+\beta_{5,i,X0}\Delta\ln X_{i,t-1}(0)+\gamma_{i,X0}ECM_{i,t-1,X0} \tag{6-9}$$

式中，$X_{i,t-1}(0)$ 为出口的滞后一期值；$\beta_{0,i,X0}, \cdots, \beta_{5,i,X0}$ 和 $\gamma_{i,X0}$ 为模型参数。

2）进口方程

（1）长期协整方程：

$$\ln X_i(1)=\alpha_{0,i,X1}+\alpha_{1,i,X1}\ln(Y_1^*)+\alpha_{2,i,X1}\ln(\frac{P_M}{P_D})+\alpha_{3,i,X1}\ln\text{ER}+\alpha_{4,i,X1}T_i+\text{ECM}_{i,t,X1} \quad （6\text{-}10）$$

式中，$X_i(1)$ 为第 i 个部门的进口量或进口价值；Y_1^* 为省内总需求（广东省 GDP）；$\frac{P_M}{P_D}$ 为进口商品与国内商品的相对价格，反映了进口商品的价格竞争力；ER 为汇率（影响进口成本和省内货币购买力）；T_i 为技术水平；$\text{ECM}_{i,t,X1}$ 为长期均衡与实际进口值之间的偏差。

（2）动态方程：

$$\Delta\ln X_i(1)=\beta_{0,i,X1}+\beta_{1,i,X1}\Delta\ln Y_1^*+\beta_{2,i,X1}\Delta\ln(\frac{P_M}{P_D})+\beta_{3,i,X1}\Delta\ln\text{ER}$$
$$+\beta_{4,i,X1}\Delta T_i+\beta_{5,i,X1}\Delta\ln X_{i,t-1}(1)+\gamma_{i,X1}\text{ECM}_{i,t-1,X1} \quad （6\text{-}11）$$

式中，$X_{i,t-1}(1)$ 为进口的滞后一期值；$\beta_{0,i,X1}, \cdots, \beta_{5,i,X1}$ 和 $\gamma_{i,X1}$ 为模型参数。

6.2.1.5　国内省外流出／流入方程

国内省外流出／流入方程反映省内外经济活动的相互作用，分析广东省与国内其他地区之间的经济往来如何受到相对价格、省内产出和技术进步的影响，以及这些变量对省外流出量的长期和短期效应。

1）国内省外流出方程

（1）长期协整方程：

$$\ln X_i(3)=\alpha_{0,i,X3}+\alpha_{1,i,X3}\ln(Y_2^*)+\alpha_{2,i,X3}\ln(\frac{P_{GD}}{P_G^*})+\alpha_{3,i,X3}\ln(Y_i)+\alpha_{4,i,X3}T_i+\text{ECM}_{i,t,X3} \quad （6\text{-}12）$$

式中，$X_i(3)$ 为第 i 个部门的国内省外流出量；Y_2^* 为国内其他地区的需求；$\frac{P_{GD}}{P_G^*}$ 为国内省外流出商品与国内市场上竞争商品的相对价格；Y_i 为省内产出；T_i 为技术进步；$\text{ECM}_{i,t,X3}$ 为长期均衡与实际省外流出量之间的偏差。

（2）动态方程：

$$\Delta\ln X_i(3)=\beta_{0,i,X3}+\beta_{1,i,X3}\Delta\ln Y_2^*+\beta_{2,i,X3}\Delta\ln(\frac{P_{GD}}{P_G^*})+\beta_{3,i,X3}\Delta\ln Y_i+\beta_{4,i,X3}\Delta T_i$$
$$+\beta_{5,i,X3}\Delta\ln X_{i,t-1}(3)+\gamma_{i,X3}\text{ECM}_{i,t-1,X3} \quad （6\text{-}13）$$

式中，$X_{i,t-1}(3)$ 为省内省外流出的滞后一期值；$\beta_{0,i,X3}, \cdots, \beta_{5,i,X3}$ 和 $\gamma_{i,X3}$ 为模型参数，反映短期动态调整的效应。

2）国内省外流入方程

（1）长期协整方程：

$$\ln X_i(4)=\alpha_{0,i,X4}+\alpha_{1,i,X4}\ln(Y_3^*)+\alpha_{2,i,X4}\ln(\frac{P_G^*}{P_{GD}^*})+\alpha_{3,i,X4}\ln(YG_i)+\alpha_{4,i,X4}T_i+ECM_{i,t,X4} \quad （6\text{-}14）$$

式中，$X_i(4)$ 为第 i 个部门的国内省外流入量；Y_3^* 为省内总需求；$\dfrac{P_G^*}{P_{GD}^*}$ 为国内省外流入商品与省内市场上竞争商品的相对价格；YG_i 为国内总产出；T_i 为技术进步；$ECM_{i,t,X4}$ 为长期均衡与实际省外流入量之间的偏差。

（2）动态方程：

$$\Delta\ln X_i(4)=\beta_{0,i,X4}+\beta_{1,i,X4}\Delta\ln Y_3^*+\beta_{2,i,X4}\Delta\ln(\frac{P_G^*}{P_{GD}^*})+\beta_{3,i,X4}\Delta\ln YG_i+\beta_{4,i,X4}\Delta T_i$$
$$+\beta_{5,i,X4}\Delta\ln X_{i,t-1}(4)+\gamma_{i,X4}ECM_{i,t-1,X4} \quad （6\text{-}15）$$

式中，$X_{i,t-1}(4)$ 为国内省外流入的滞后一期值；$\beta_{0,i,X4},\cdots,\beta_{5,i,X4}$ 和 $\gamma_{i,X4}$ 为模型参数，反映短期动态调整的效应。

6.2.1.6 劳动市场方程

各经济部门就业水平如何受到产出和实际工资成本变动的长期和短期影响，通过考虑产出水平和工资成本对就业的影响，模型可以更精确地分析政策变动、经济增长或其他外部变化对劳动市场的影响。

（1）长期协整方程：

$$\ln Em_i=\alpha_{0,i,Em}+\alpha_{1,i,Em}\ln Y_i+\alpha_{2,i,Em}\ln RI+ECM_{i,t,Em} \quad （6\text{-}16）$$

式中，Em_i 为第 i 个部门的总就业；Y_i 为第 i 个部门的总产出；RI 为实际工资成本；$ECM_{i,t,Em}$ 为长期均衡与实际就业水平之间的偏差。

（2）动态方程：

$$\Delta\ln Em_i=\beta_{0,i,Em}+\beta_{1,i,Em}\Delta\ln Y_i+\beta_{2,i,Em}\Delta\ln RI+\beta_{3,i,Em}\Delta\ln EM_{i,t-1}+\gamma_{i,Em}ECM_{i,t-1,Em} \quad （6\text{-}17）$$

式中，$Em_{i,t-1}$ 为总就业的滞后一期值；$\beta_{0,i,Em},\cdots,\beta_{3,i,Em}$ 和 $\gamma_{i,Em}$ 为模型参数，反映短期内各经济变量对总就业变化的影响。

6.2.1.7 收入方程

收入方程综合分析工资、税收、社保以及就业对总可支配收入的影响，为研究政策变化、经济增长或其他因素对居民收入水平的影响提供分析框架。

（1）长期协整方程：

$$\ln R_{1,i}=\alpha_{0,i,R1}+\alpha_{1,i,R1}\ln Sa_i+\alpha_{2,i,R1}\ln Ta_i+\alpha_{3,i,R1}\ln So_i+\alpha_{4,i,R1}\ln Em_i+ECM_{i,t,R1} \quad （6\text{-}18）$$

式中，$R_{1,i}$ 为总可支配收入；Sa_i 为工资总额；Ta_i 为税收总额；So_i 为社保总额；Em_i 为总就业；$ECM_{i,t,R1}$ 为长期均衡与实际可支配收入水平之间的偏差。

（2）动态方程：

$$\Delta\ln R_{1,i}=\beta_{0,i,R1}+\beta_{1,i,R1}\Delta\ln Sa_i+\beta_{2,i,R1}\Delta\ln Ta_i+\beta_{3,i,R1}\Delta\ln So_i+\beta_{4,i,R1}\Delta\ln Em_i+\beta_{5,i,R1}\Delta\ln R_{1i,t-1}$$
$$+\gamma_{i,R1}ECM_{i,t-1,R1} \tag{6-19}$$

式中，$R1_{i,t-1}$ 为可支配收入的滞后一期值；$\beta_{0,i,R1},\cdots,\beta_{5,i,R1}$ 和 $\gamma_{i,R1}$ 为模型参数，反映短期内各经济变量对可支配收入变化的影响。

6.2.2 能源模块

6.2.2.1 能源需求方程

能源需求方程考虑总产出、能源价格、技术进步和碳排放强度对能源消耗的影响，在宏观经济模型中捕捉到能源消耗对经济活动、价格变动、技术革新和环境政策等因素的响应。模型在进行减排政策分析、预测未来能源需求变化以及评估能源消耗对碳排放影响时具有重要应用价值。

（1）长期协整方程：

$$\ln EN_i=\alpha_{0,i,EN}+\alpha_{1,i,EN}\ln Y_i+\alpha_{2,i,EN}\ln P_i^*+\alpha_{3,i,EN}\ln T_i+\alpha_{4,i,EN}\ln CC_i+ECM_{i,t,EN} \tag{6-20}$$

式中，EN_i 为第 i 部门的能源消耗；Y_i 为第 i 部门的总产出或活动水平；P_i^* 为第 i 部门能源的相对价格；T_i 为技术水平；CC_i 为第 i 部门的碳排放强度；$ECM_{i,t,EN}$ 为长期均衡与实际能源消耗水平之间的偏差。

（2）动态方程：

$$\Delta\ln EN_i=\beta_{0,i,EN}+\beta_{1,i,EN}\Delta\ln Y_i+\beta_{2,i,EN}\Delta\ln P_i^*+\beta_{3,i,EN}\Delta\ln T_i+\beta_{4,i,EN}\Delta\ln CC_i+\beta_{5,i,EN}\Delta\ln EN_{i,t-1}$$
$$+\gamma_{i,EN}ECM_{i,t-1,EN} \tag{6-21}$$

式中，$EN_{i,t-1}$ 为能源消耗的滞后一期值；$\beta_{0,i,EN},\cdots,\beta_{5,i,EN}$ 和 $\gamma_{i,EN}$ 为模型参数，反映短期内各经济和技术变量对能源消耗变化的影响。

6.2.2.2 能源结构方程

能源结构方程用于分析各部门能源消费的组成和变化，以及不同能源类型在总能源消费中的占比，有助于理解能源消费模式的转变，特别是各部门能源消费结构的差异以及时间跨度上的变化情况。

$$Energy\_Consumption_{i,j}=EN_i \times R_{i,j} \tag{6-22}$$

式中，$Energy\_Consumption_{i,j}$ 为第 i 部门消费的第 j 种能源的总量；EN_i 为第 i 部门的总能源消耗量；$R_{i,j}$ 为第 j 种能源在第 i 部门总能源消耗中的占比。

6.2.3 排放模块

排放方程：通过对所有部门和能源类型的遍历，计算出整个经济系统中的总二氧化碳排放量。每种能源类型的排放系数反映了单位能源消费产生的二氧化碳排放量，是评估能源环境影响的重要参数。通过该方程，可以将能源消费与环境排放直接联系起来，为制定减排策略和评估政策效果提供科学依据。

$$CO_2\_Ernissions = \sum_i \sum_j (Energy\_Consumption_{i,j} \times Emission\_Coefficient_j) \quad （6-23）$$

式中，$CO_2\_Emissions$ 为总的二氧化碳排放量；$Energy\_Consumption_{i,j}$ 为第 i 部门消费的第 j 种能源的总量；$Energy\_Coefficient_j$ 为第 j 种能源的二氧化碳排放系数。

6.2.4 技术进步

技术进步通过全要素生产率（Total Factor Productivity，TFP）的增长体现，关键在于生产效率的提升和技术创新。全要素生产率反映了资源配置状况、生产手段的技术水平、生产对象的变化、生产的组织管理水平、劳动者对生产经营活动的积极性，以及经济制度与各种社会因素对生产活动的影响程度。经济学家认为，全要素生产率不仅是衡量生产要素的质量、生产要素配置效率的指标，也是衡量经济增长质量的核心指标，因此，它是探求经济增长源泉的主要工具，又是判断经济增长质量的重要方法。TFP 增长率的计算方法为

$$T_i = TFPGrowth\ Rate_i = OutputGrowthRate_i - v \times CapitalInputGrowthRate_i$$
$$-(1-v) \times LaborInputGrowthRate_i \quad （6-24）$$

式中，T_i 为第 i 个部门的技术进步；$OutputGrowthRate_i$ 为第 i 个部门的产出增长率；$CapitalInputGrowthRate_i$ 为第 i 个部门的资本投入增长率；$LaborInputGrowthRate_i$ 为第 i 个部门的劳动投入增长率；v 为资本的产出弹性，表示产出对资本投入变化的敏感度。

技术进步作为一个外生变量，通过提高 TFP 促进了生产效率和经济增长。在 EEC-GD 模型中，技术进步允许模型捕捉技术创新和效率提升对经济、能源消耗及环境排放的长期影响。这包括直接通过生产过程的改善和产品创新来降低成本、提高产出的技术进步，以及通过促进更环保和能源效率更高的生产方式等技术革新，从而减少环境压力。

研究表明，中国的资本产出弹性通常集中在 0.4~0.5，这反映了资本对中国经济产出的重要贡献，同时也突出了提升劳动生产率和技术创新在持续经济增长中的关键作用。

6.2.5 情景模块

在 EEC-GD 模型中，情景模块用来评估不同经济和环境政策对广东省经济增长、能源消耗和碳排放的潜在影响。这一模块通过模拟和比较不同情景下的结果，提供了一种强有

力的工具，以支持政策制定和评估。以下是详细的情景模块描述。

6.2.5.1 基准情景

基准情景反映了当前经济、能源和 CO_2 排放的状态，并作为评估未来政策变化影响的参考点。在基准情景下，模型的参数根据最新的统计数据和历史趋势进行校准，以确保模型输出的准确性和可靠性。这个情景假设未来没有新的政策变化，维持现有的经济结构、能源消费模式和环境政策。

6.2.5.2 政策情景

政策情景是根据特定政策变动设计的，以评估这些变动对经济、能源和环境的潜在影响。EEC-GD 模型通过调整相关参数来模拟各种政策情景。例如，①碳税政策：碳税的实施通过增加碳排放成本来鼓励减排，这可能导致能源和产品的价格上涨，影响消费和生产成本。模型能够模拟碳税导致成本增加和价格上涨的效应，以及碳税收入增加可能带来的政府消费增长，从而评估碳税政策对经济活动的影响。②碳预算制度：通过设定碳排放总量的上限，控制和减少碳排放，促进能源消费结构的优化。模型能够模拟碳预算制度通过控制碳排放总量降低能源消费量或优化能源结构，以及这些变化对经济产出的影响。

6.2.5.3 情景分析

情景分析比较基准情景与一个或多个政策情景之间的差异，揭示特定政策变动可能产生的经济和环境效应。通过这种比较，模型能够识别出政策变动对经济增长、能源消耗结构、碳排放量及其他关键变量的影响。情景分析的结果为政策制定者提供了有力的支持，帮助他们理解不同政策选项的潜在优势和劣势，从而做出更加科学和合理的决策。

通过上述情景模块的设置和分析，EEC-GD 模型不仅能为广东省提供针对未来经济和环境变化的策略建议，还能够为其他地区或国家提供类似分析的框架和参考。

6.3 EEC-GD 模型的参数设置与估计

模型的参数是指在数学或统计模型中，用于描述系统特征或控制系统行为的量。这些参数可以是常数或变量，它们决定了模型的具体形态和预测结果的准确性。在 EEC-GD 模型中，参数通常用来表示各种经济行为、政策效应、技术进步等因素对模型输出的影响。模型参数的设置和估计是模型建立和分析过程中的关键步骤，直接关系到模型预测的准确度和实用性。

6.3.1 参数设置

EEC-GD 模型的参数大致可以分为以下几类。

（1）固定参数：这些参数在模型运行过程中保持不变，如模型中的碳排放系数，它根据不同能源类型与 CO_2 排放的固定比例来设定。这些系数通常基于历史数据或环境研究的结果确定，并在模型的整个分析期间保持不变。这些系数通常依据历史数据或环境科学研究结果而确定，如国际能源署（IEA）发布的能源和环境报告提供的标准排放系数。

（2）动态参数：这些参数随着模型输入或模型状态的变化而变化，如能源需求对价格变化的响应系数。这类参数在模型中随着经济发展、能源价格的波动而变化，反映了市场供需关系的动态调整。这种参数的设定通常依赖于过去的统计数据和市场分析。例如，Auffhammer 等（2008）在其研究中提出了能源需求弹性的估计方法，反映市场供需关系的动态特性。

（3）估计参数：这些参数通过数据拟合、统计推断或机器学习方法从实际数据中估计得出，用于描述变量之间的关系或行为规律。例如，长期协整方程中的系数，它们通过统计方法从实际经济数据中估计得出，用以描述经济增长、能源消耗和碳排放之间的长期关系。这些参数的估计涉及复杂的统计分析，如使用最小二乘（OLS）法或误差修正模型（ECM）等技术（Engle and Granger，1987）。

（4）决策参数：在进行政策情景分析时，模型可能需要设置不同的技术进步速率或碳税水平等参数（Nordhaus，2013），以模拟不同政策措施的经济和环境效应，如政策干预的强度、技术进步的速率等。这些参数的设定基于政策分析的需要，旨在探究不同政策选项下的经济和环境变化趋势。

通过精确的参数设置和估计，EEC-GD 模型能够为广东省提供经济增长、能源消耗和碳排放之间相互作用的深入分析，为政策制定提供科学依据。参数估计的准确性直接关系到模型预测的可靠性和政策建议的有效性，因此采用合理的统计方法和足够的数据支持对模型参数进行估计是至关重要的。

6.3.2 参数设置的原则与方法

在 EEC-GD 模型的参数设置中，遵循以下原则与方法确保模型的准确性与实用性。

（1）理论驱动与数据驱动相结合：在参数设置过程中，结合经济理论和实际数据的特点。利用经济理论指导参数的初始设置，再通过实际数据调整和优化参数，以确保模型既有理论基础，又能贴合实际经济行为。

（2）长期均衡与短期动态相协调：参数设置须体现出经济变量间长期均衡关系与短期动态调整的双重特性。通过设定长期协整关系和短期动态调整机制的参数，模型能够准确捕捉经济变量间的互动关系。

（3）灵活性与稳定性的平衡：参数设置应兼顾模型的灵活性和稳定性。一方面，参数需足够灵活以适应经济政策变动和市场波动；另一方面，要保证模型的稳定性，避免过度拟合。

参数设置的方法包括历史数据分析、经验模态分解、专家经验与德尔菲法。

（1）历史数据分析：利用时间序列数据和横截面数据，通过统计分析方法（如描述性统计、相关性分析等）初步确定参数范围。

（2）经验模态分解：对经济时间序列数据进行分解，分析不同时间尺度下的经济波动特性，为参数设置提供依据。

（3）专家经验与德尔菲法：结合行业专家的经验和见解，通过德尔菲法等专家咨询方法，对参数进行设置和调整。

6.3.3　参数估计方法

模型的参数估计方法分为两个主要步骤。

（1）长期关系的估计：使用最小二乘法来估计长期协整关系中的参数。根据协整理论（Engle and Granger，1987），识别并估计非平稳时间序列之间的长期均衡关系，并基于此构建长期均衡关系的误差项。

（2）短期动态调整的估计：在确定长期均衡关系后，将误差项作为一个变量，使用机器学习方法（如随机森林、梯度提升树等）估计短期的动态调整过程。这一步骤利用机器学习模型的强大非线性建模能力，有效提升对经济变量短期波动的预测精度（Hastie et al.，2009）。

此外，模型估计过程还包括参数优化与选择、模型验证和敏感性分析。

（1）参数优化与选择：通过交叉验证和网格搜索等技术，优化机器学习模型的参数选择过程，确保选出能够最佳拟合数据的模型参数（Kuhn and Johnson，2013）。

（2）模型验证：通过对历史数据的回溯测试和构建不同情景的前瞻性验证，确保模型的预测性能和适用性。这一步骤的关键在于验证模型的泛化能力，即在未知数据上的表现如何。

（3）敏感性分析：对模型参数进行敏感性分析，评估参数变化对模型输出的影响，从而验证模型的稳健性（Saltelli and Annoni，2011）。

6.4　模型的优势、局限性与应用前景

6.4.1　模型在碳预算管理中的优势

EEC-GD 模型作为专门针对广东省经济、能源和碳排放相互作用而设计的动态计量模

型，在碳预算编制和政策评估方面具有独特的优势。

1）精细化的地区适应性

EEC-GD 模型深入考虑了广东省的具体经济结构、能源消费特征及环境排放情况，确保模型分析结果能够准确反映地区实际情况和政策响应。这种地区适应性的精细化设计，使模型成为支持广东省乃至类似经济体结构地区政策制定和调整的重要工具。

2）长期与短期分析能力

结合长期协整关系和短期动态调整机制，EEC-GD 模型能够捕捉经济、能源和环境变量之间的长期均衡关系及其短期偏离，提供更为全面和深入的政策影响分析。

3）灵活的政策模拟与情景分析

模型能够模拟不同的政策情景，如碳税、能源消费限制、技术进步速率变化等，评估这些政策对经济增长、能源结构调整和碳排放量的影响。这种灵活性使政策制定者能够在多种可能的未来情景中评估政策效果，从而作出更为科学和合理的决策。

4）综合考虑经济增长与"双碳"目标

通过综合模拟经济活动、能源消费和碳排放之间的相互作用，EEC-GD 模型为实现经济增长与环境保护的双重目标提供了决策支持，有助于制定既促进经济发展又有效控制碳排放的政策措施。

5）技术进步与环境政策的集成分析

EEC-GD 模型特别关注技术进步和环境政策对经济和环境的影响，通过模拟技术创新和政策变动，评估其在促进能源效率提升和减少碳排放方面的作用，为科技创新和政策选择提供依据。

6.4.2 模型应用的局限性与挑战

尽管 EEC-GD 模型在为广东省乃至其他地区提供碳预算编制和环境政策评估方面展现出显著的优势，其实际应用过程中也面临一些局限性和挑战。

（1）数据要求高：EEC-GD 模型对数据的需求不仅广泛涵盖经济、能源和碳排放等多个方面，而且还需要这些数据形成三维动态面板的形式。这一高度的数据需求意味着常规的统计资料往往无法直接满足模型输入的需要，特别是那些难以获取或更新不够频繁的数据，可能会影响模型分析的及时性和准确性。为了满足模型对数据的高要求，可能需要进行额外的数据处理和估算，增加了模型准备工作的复杂性和难度。

（2）模型复杂度高：EEC-GD 模型涵盖复杂的数学方程和大量的变量，这不仅对模型构建者提出了较高的专业知识和技能要求，也意味着现有的统计软件可能无法直接应用于所有参数的估计。因此，可能需要开发专用软件来进行模型的估计和分析，增加了模型应用的门槛和成本。

（3）模型更新和维护难度：随着经济环境和政策的变化，模型需要不断地进行更新和维护，以确保其反映最新的经济状况和政策影响。这不仅需要定期收集和更新数据，还需要对模型结构和参数进行相应的调整。对于一个高度定制化的模型而言，更新和维护的工作可能尤为繁重，存在滞后更新的风险，这可能影响模型的适用性和预测准确性。

尽管存在上述局限性和挑战，EEC-GD 模型仍是一个高度专业化和定制化的工具。通过不断的技术进步、提升数据获取能力以及加强跨学科的合作，有望进一步提升模型的设计和应用效果，为广东省乃至更广泛地区的碳预算编制和环境政策评估提供强有力的支持。

6.4.3　政策需求对模型更新的推动

随着政策目标和策略的不断演进，对模型的需求也在变化，促使 EEC-GD 模型不断更新和改进。

（1）模型参数更新：随着新的经济数据、能源统计和环境政策的出台，模型需要定期更新参数，以保证分析结果的时效性和准确性。

（2）模型功能扩展：为应对新的政策需求，如碳捕集与封存（CCS）、新能源汽车推广等，模型可能需要引入新的模块或功能，以增强其政策模拟和评估能力。

（3）增强模型的用户交互性：为了更好地服务政策制定者和研究人员，模型的更新也需要考虑提高用户界面的友好性，简化模型操作流程，提高结果呈现的直观性。

总体而言，EEC-GD 模型作为一个动态、综合的碳预算编制工具，在支持广东省乃至中国碳达峰、碳中和目标的政策制定和评估方面具有重要作用。通过不断更新和优化，该模型将更有效地适应未来的政策需求，为实现绿色低碳发展目标提供有力支持。

6.5　人口预测方法

相较于经济发展、技术进步和社会变迁的预测，人口预测方法通常具有更高的可靠性和更为坚实的经验基础（Lee and Carter，1992），特别是在预测期内，大多数人口已然出生，这进一步降低了人口预测结果的不确定性。

6.5.1　队列分要素方法

本研究采用广泛认知的队列分要素方法作为人口预测的核心模型。该方法的基本原理是通过分析起始年份的人口结构，并应用生育、死亡和迁移三种基本人口事件的概率模型，推算下一预测年份的人口存量。随后，依此逐年推算，从而得出预测期内每个年份的人口状况。

队列分要素方法的理论基础源自丰富的人口学理论和实证研究，被广泛认为是一种准确、可靠的人口预测方法。在计算过程中，主要应用以下公式来描述人口的动态变化。

$$生育率：B(t)=\sum P_w(t)\cdot F_w(t) \tag{6-25}$$

式中，$B(t)$ 为在时间 t 的出生人数；$P_w(t)$ 为在时间 t 的育龄女性人口数；$F_w(t)$ 为在时间 t 的女性生育率。

$$死亡率：D(t)=\sum P(t)\cdot M(t) \tag{6-26}$$

式中，$D(t)$ 为在时间 t 的死亡人数；$P(t)$ 为在时间 t 的总人口数；$M(t)$ 为在时间 t 的死亡率。

$$迁移率：M(t)=I(t)-O(t) \tag{6-27}$$

式中，$M(t)$ 为在时间 t 的净迁移人数；$I(t)$ 为在时间 t 的迁入人数；$O(t)$ 为在时间 t 的迁出人数。

基于以上三个基本公式，人口预测模型可以通过下述公式计算下一年的人口数量：

$$P(t+1)=P(t)+B(t)-D(t)+M(t) \tag{6-28}$$

这一方法将人口学研究和统计模型应用于实际的人口预测问题中，确保了预测结果的科学性和可靠性。此外，由于其严谨的理论基础和细致的人口动态刻画，该方法生成的预测结果具有很高的可信度。预测结果能为政策制定者、城市规划者和研究人员提供细致的人口信息，也为广州市的碳预算管理的案例分析提供重要参考。同时，队列分要素方法的良好适应性，使其能够应对不同的地区、不同的时间跨度和不同的人口结构，特别适用于具有复杂人口结构和快速城市化进程的广州市，为本研究提供了一个强有力的预测工具。

1）预测时间跨度与起始年份

本研究选定 2020 年作为预测的起始年份，预测时间跨度为 40 年，即直至 2060 年，旨在对研究对象的常住人口数量和结构进行深度分析和预测。选定的预测时间框架不仅为分析人口的长期变化趋势提供了充足的时空范围，同时也为深入探讨未来人口动态与碳排放之间可能存在的关联提供了基础。

起始年份 2020 年是人口普查年份，具备较为完整和准确的人口统计数据，能为预测模型提供实证基础。同时，它位于中国政府提出"双碳"目标的重要时期，为分析人口变化对实现此目标的影响提供了重要的时间节点。

40 年的长期预测窗口不仅能够揭示人口数量和结构的变化趋势，还能为政策制定者和城市规划者提供长远的视角，以更好地理解和应对未来可能面临的挑战和机遇。在此时间框架下，可以分析不同的人口政策、生育率变化、死亡率变化和迁移模式对人口结构和碳排放的可能影响，从而为广州市的碳预算管理模拟分析提供有益的参考。

2）预测工具选择

为确保预测的准确性和可靠性，本研究选择使用 PADIS-INT 软件作为人口预测工具。PADIS-INT 软件是一款基于经典的队列分要素方法开发的人口预测软件，采用概率算法推算人口事件的发生，已成为人口预测和分析领域的有效工具（翟振武等，2017）。通过运用 PADIS-INT 软件，本研究能够以一种系统、科学的方式对广州市未来 40 年的人口数量和结构进行分析和预测。

PADIS-INT 软件的优势在于其能够综合分析多种影响人口动态的因素，并通过概率算法对未来的人口事件进行精确预测。该软件提供的模拟功能，能够帮助研究者模拟不同政策和社会经济条件下的人口变化，从而为政策制定和规划提供有益的参考。特别是在本研究的背景下，PADIS-INT 软件能够为分析人口变动对广州市碳排放的影响提供重要的技术支持。

此外，PADIS-INT 软件也提供了一套完善的数据管理和分析功能，能够实现对原始数据的有效管理、清洗和处理，为后续的数据分析和预测提供了强有力的技术保障。同时，PADIS-INT 软件的可视化功能也为呈现和解释预测结果提供了方便，使得研究者能够以直观的方式理解和解释预测结果，为相关的政策和规划决策提供有益的支持。

综上所述，PADIS-INT 软件为本研究提供了强有力的技术支持，并且使得本研究能够以一种科学、系统的方式进行人口预测，为广州市的碳预算管理和碳排放控制策略提供了重要的技术支持。

6.5.2 主要预测参数

队列分要素方法的预测结果在很大程度上取决于生育、死亡和迁移参数的设定。为了全面评估未来人口动态的不同可能性，本研究采用高、中、低三种情景进行预测分析。这三种情景分别对应不同的生育率、死亡率和净迁移率组合，以揭示不同社会经济条件下人口动态的变化趋势。

（1）高情景方案：此方案假设高生育率、低死亡率和高净迁移的结合。在此情景下，保持相对较高的生育率、低死亡率，并且能吸引大量外来人口迁入，从而导致人口持续增长。

（2）中情景方案：此方案采用中生育率、中死亡率和中净迁移的结合。在此情景下，生育率、死亡率和净迁移率将保持在一个中等水平，人口增长的速度将逐渐放缓。

（3）低情景方案：此方案采用低生育率、高死亡率和低净迁移的结合。在此情景下，生育率将进一步降低，死亡率上升，同时净迁移率也会降低，导致人口增长进一步放缓，甚至可能出现人口减少的情况。

这三种不同的情景分析为评估未来人口变化的不确定性提供了一个多维度的视角。通过对比不同情景下的人口预测结果，可以更好地理解和评估生育率、死亡率和净迁移率变化对未来人口动态和碳排放的可能影响。这种多情景的预测方法为长期人口规划和碳排放控制策略提供了有益的参考，同时也为后续的碳预算分配和管理提供了重要的基础数据。

6.6 人口分布预测方法

6.6.1 基本思路

在人口研究领域，有效地预测未来人口分布对政策制定和规划至关重要。传统上，研究者通常首先独立预测各小区域的人口，然后将这些预测人口相加以得出整个大区域的预测人口。这种方法在提供大区域的预测人口的同时，也为人口分布提供了有价值的信息。然而，为每个小区域设定一组预测参数会显著增加参数的规模，并且小区域参数的获取难度和不稳定性可能导致预测误差变大（Smith，1997）。另外，宏观模型方法，如通过考虑影响人口分布的地理、社会和经济因素，虽然可以减少参数数量，但其与具体的人口事件（如出生、死亡和迁移）的联系可能会变得模糊，从而削弱模型的可解释性和合理性（Rogers，1995）。

本研究在人口分布预测方面采用了一种分阶段策略。首先，利用已有的人口规模预测，该预测考虑了与人口变化相关的关键事件。然后，利用偏离旋转法（区域维度偏离系数和时间维度偏离系数）将全市的人口规模细分到各区域，以克服参数过多的问题。这种方法的优势在于它能够有效地控制因区域预测参数众多而可能引发的误差，并确保各区的预测值之和与全市的预测值匹配。

即便有了人口总量预测结果，将人口分配到各个区域仍可能会遇到预测的收敛性问题。简单地依赖每个区的历史数据进行预测可能会加剧这一问题（Keyfitz，1981）。为解决这一难题，本研究构建了一个统一的模型，目标是建立总体参数与各区域人口分布参数之间的关系，以实现可收敛的人口分布预测。

本研究以各地区的人口密度为基础进行人口分布预测。人口密度和区域面积作为统计年鉴中的标准指标，确保了数据的可获取性和准确性（Shryock and Siegel，1976）。通过结合这两个指标，可以更精确地描述全市的人口规模，并进一步在总体与各区之间建立数学关系。此策略充分考虑了各区的地理面积，并有效利用了现有的人口分布数据，为未来人口分布的预测提供了坚实的基石。

基于上述思想，本研究构建了一个以各地区人口密度为基础的模型。这种模型的设计逻辑基于一个简单但关键的观察：即人口密度不仅反映了特定区域的人口规模，而且为全市的人口规模提供了一个有意义的参照。简而言之，通过这个密度指标，可以将全市的人口规模与各区的人口规模建立数学关联。

$$P(t) = f[s(x), p(x,t)] = \sum_{x=1}^{n} s(x) \times \left[\frac{p(x,t)}{s(x)} \right] \sum_{x=1}^{n} s(x) \times d(x,t) \qquad (6\text{-}29)$$

式中，$t \sim [t_1, \cdots, t_m]$ 为观测期；$P(t)$ 为 t 年全市人口规模；$s(x)$ 为 x 区的面积；$p(x,t)$ 为 t 年 x 区的人口规模；$d(x,t)$ 为 t 年 x 区的人口密度。

为了进一步精确描述这种关系，可以将各区的人口密度表示为以下的函数形式：

$$d(x, t)=a(x)+b(x)k(t)+\varepsilon; \varepsilon\sim N(0, \delta^2) \tag{6-30}$$

式中，$b(x)$ 为人口密度在 x 区的固定偏离度（与时间无关）；$k(t)$ 为人口密度随时间变化的偏离度（与特定区域无关）；ε 为一个期望为 0 的正态随机误差；$a(x)$ 为在整个观测期内 x 区的人口密度的平均值。

值得注意的是，尽管这三个参数在初步阶段均为未知，但其中只有时间偏离度与具体的时间点有关。对于平均人口密度和各区固定偏离度，它们与时间无关，因此可以直接使用历史数据来估计这两个参数[①]。这种方法的优势在于简化了预测过程，同时还确保了预测的稳健性和准确性。

6.6.2 计算方法

1）步骤一：计算各区的平均人口密度

对于每一个行政区，其平均人口密度 $a(x)$ 可以通过以下公式计算：

$$a(x)=\frac{\sum_{t=t_1}^{t_m} d(x, t)}{m} \tag{6-31}$$

式（6-31）揭示了在整个观测期内，特定行政区的平均人口密度。

2）步骤二：时间偏离度的估计

为了估计时间偏离度 $k(t)$，首先对式（6-30）两边乘以 $s(x)$ 并对 x 进行求和，得到

$$\sum_{x=1}^{n} s(x)d(x, t)=\sum_{x=1}^{n} s(x)a(x)+k(x)\sum_{x=1}^{n} s(x)b(x) \tag{6-32}$$

式中，等号左边代表了在时间 t 下的全市总人口规模。为了拟合模型，可以设定 $\sum_{x=1}^{n} s(x)b(x)=1$。基于这一设定，可以得到

$$k(t)=P(t)-\sum_{x=1}^{n} s(x)a(x) \tag{6-33}$$

式中，$k(t)$ 可以解释为在时间 t 下的实际总人口与按照平均人口密度计算得到的"虚拟"总人口的差异，简而言之，它反映了时间 t 下的人口与长期平均人口趋势之间的偏差。这一度量提供了一个关于人口波动的重要指标，有助于了解人口在时间上的变动特征（Jones and Smith，2010）。

---

① 既然与时间无关，那么在预测期内也是不变的。

3）步骤三：各区偏离度的估计

在确定了各区的平均人口密度 $a(x)$ 和时间偏离度 $k(t)$ 之后，下一步是计算各区的人口密度偏离度 $b(x)$，该参数表示了各区的人口密度与全市平均水平的偏离程度。

根据式（6-30），可以使用线性回归模型估计 $b(x)$，其中 $d(x,t)$ 为因变量，而 $a(x)$ 为常数项，$k(t)$ 为自变量。最小二乘法提供了一个有效的方法来估计这些参数，其目标是最小化预测误差的平方和，即 $\min \sum_t \sum_x [d(x,t)-a(x)-b(x)k(t)]^2$。使用最小二乘估计，可以得到 $b(x)$ 的估计公式为

$$b(x)=\frac{\sum_t d(x,t)k(t)}{\sum_t k^2(t)}$$ （6-34）

此公式表示，各区的人口密度偏离度 $b(x)$ 是该区域内历史人口密度与时间偏离度之间关系的斜率。这提供了一个量化各区与全市平均水平之间差异的方法，有助于理解区域内的人口变化趋势（Wang and Zhang，2015）。

4）步骤四：预测各区的未来人口规模

一旦确定了各区的平均人口密度 $a(x)$、时间偏离度 $k(t)$ 和各区的人口密度偏离度 $b(x)$，下一步是利用这些参数预测每个区的未来人口密度和规模。

首先，为了预测未来一年的人口规模，可以计算下一时间偏离度 $k(t_m+1)$。这是通过使用预测的全市人口规模 $P(t_m+1)$ 与各区的平均人口密度的加权和进行计算得到的。

$$k(t_m+1)=P(t_m+1)-\sum_{x=1}^{n} s(x)a(x)$$ （6-35）

式中，$P(t_m+1)$ 为预计在 t_m+1 年的全市人口规模。

然后，将 $k(t_m+1)$ 代入式（6-30）来预测各行政区的在 t_m+1 年的人口密度：

$$d(x,t_m+1)=a(x)+b(x)k(t_m+1)$$ （6-36）

最后，为了得到预测的各个行政区的人口规模，可以将预测的人口密度乘以各行政区的面积：

$$p(x, t_m+1)=s(x) d(x, t_m+1)$$ （6-37）

式中，$d(x, t_m+1)$ 和 $p(x, t_m+1)$ 分别为在 t_m+1 年预测得到的 x 区的人口密度和人口规模。

5）步骤五：迭代预测

在进行初始预测后，为了进一步提高预测的准确性并预测更远的未来，本研究采取迭代的方法。

具体来说，一旦得到 t_m+1 年的预测结果，可以将这些数据作为新的观测数据加入原始数据集中。然后，使用更新的数据集重新运行整个预测过程，从而得到 t_m+2 年的预测值。这种迭代方法可以持续进行，直到达到所需的预测期限。

这种迭代方法的优点在于，每一轮的预测都是基于更丰富、更完整的数据进行的，从而有望提高预测的准确性（Brown and DeSantis，2020）。同时，该方法也为考虑不确定性

和偶然性提供了一种策略，因为每一次的预测都会受到新数据的影响，从而为预测提供了更多的灵活性。

6.6.3　方法的优势与局限

本方法从宏观的角度出发，基于系统性的思考来预测未来的人口分布，具备以下显著特性和优势。

（1）阶梯式策略：策略的核心在于先对全市人口规模进行预测，随后对该预测进行各区域的分解。这种逐步推进的方法确保了宏观与微观的协调一致，从而减少预测的潜在偏差。

（2）综合考虑人口密度：将人口密度作为关键因子，成功地在全市人口规模与各区间建立了桥梁。这不仅提高了预测的精确度，而且使其更具实用性。

（3）参数估计的稳定性：通过将人口密度拆分为与地域和时间有关的部分，显著降低了参数的数量，增强了模型的鲁棒性。

（4）迭代优化策略：每次预测后都将数据反馈至模型，这种迭代策略进一步锐化了预测的准确度。

（5）数据的可获得性：利用了如人口密度和分区面积这些在统计年鉴中易于获取的标准数据，确保了数据的可靠性和精确性。

然而，该方法也伴随着一些潜在的局限。

（1）模型的直接性：尽管该方法在构建上相对简洁，但可能未充分涉及某些可能影响人口分布的核心因素，如经济趋势和政策方向。

（2）迭代的基准问题：在迭代过程中，新的预测数据被默认为准确数据并入模型。若初步预测存在显著误差，随后的迭代可能会放大这一误差。

总结而言，该策略为人口分布预测开创了一条新颖、系统化的途径，尽管它具备诸多优势，但在实际应用中，还需要进一步对其效果进行验证，并根据具体环境进行适当调整。

第7章 | 案例分析：广州市 2020~2050 年碳排放空间容量、空间形态研究及碳预算管理制度模拟

采用人口队列分要素法、运用 PADIS-INT 软件预测广州市 2020~2050 年人口总量和老龄化程度，建立广州市 2020~2050 年逐年分区人口总量与结构预测数据库；基于广东省碳排放容量空间及空间形态研究方法，结合广州市碳达峰行动方案和技术预见分析、三个已经实现碳达峰国家的人均碳排放下降率等对广州市 2020~2050 年的碳排放空间容量进行估算。根据本研究提出的广东省碳预算管理制度框架设计方案、研究报告编制框架、广州市人口总量规模预测结果，聚焦广州市 2020~2050 年碳预算方案编制进行模拟分析。

7.1 广州市建设碳预算的经济社会基础

7.1.1 广州市经济社会发展现状

7.1.1.1 经济发展

2023 年，广州市实现地区生产总值（初步核算数）30 355.73 亿元，按可比价格计算，比上年（下同）增长 4.6%。其中，第一产业增加值 317.78 亿元，增长 3.5%；第二产业增加值 7775.71 亿元，增长 2.6%；第三产业增加值 22 262.24 亿元，增长 5.3%。三次产业结构为 1.05 ：25.61 ：73.34。三次产业对经济增长的贡献率分别为 0.9%、15.0%、84.1%。人均地区生产总值达 161 634 元（按年平均汇率折算为 22 938 美元），增长 4.5%。2020~2023 年，广州市地区生产总值（现价）年均增长率为 6.66%，与北京市和上海市基本持平，低于深圳市 7.74%、广东省 7.00%、全国 7.46%。

7.1.1.2 产业结构

全年民营经济实现增加值 12 590.28 亿元，比上年增长 5.2%，占地区生产总值比例

为 41.5%。"3+5"战略性新兴产业合计实现增加值 9333.54 亿元，占地区生产总值比例为 30.7%。先进制造业增加值增长 0.5%，占规模以上工业增加值比例为 60.5%。装备制造业增加值增长 1.6%，占规模以上工业增加值比例为 47.2%。高技术制造业投资增长 19.2%，占工业投资额比例为 39.5%。现代服务业增加值 14 782.54 亿元，增长 4.9%，占第三产业比例为 66.4%。生产性服务业增加值 12 595.49 亿元，增长 7.2%，占第三产业比例为 56.6%。限额以上批发零售业实物商品网上零售额为 2835.20 亿元，增长 8.9%，占社会消费品零售总额比例为 25.7%。

7.1.1.3 常住人口

广州市 2023 年常住人口占广东省 14.8%，占全国 1.3%。2020~2023 年，广州市常住人口年均增速为 0.15%，低于深圳市（0.29%）和广东省（0.2%），北京市、上海市年均增速为负，分别为 −0.05%、−0.01%。

7.1.1.4 能源消费

广州市 2023 年能源消费量为 6832.07 万 tce，其中煤、油、气、电分别占能源消费总量的 11.4%、35.6%、9.2%、34.1%。其中，2023 年电力净调入量为 745.77 亿 kW·h，广州市电力对外依存度远高于上海市和深圳市，也高于北京市。

7.1.1.5 能源强度

广州市 2023 年能源强度为 0.225tce/ 万元，能源强度环比不降反升，2020~2023 年，以 2020 年 GDP 为可比价，广州市能源强度年均下降率为 1.1%，累计下降率为 3.4%。

7.1.1.6 碳排放强度

随着能源消费强度的持续下降，广州市的碳排放强度也呈显著下降趋势。据本研究估算，2020 年，广州市单位 GDP 二氧化碳排放约为 0.42t$CO_2$$_e$/ 万元（2015 年可比价），较 2015 年（0.614t$CO_2$$_e$/ 万元）累计下降约 32%，年均下降约 7.3%，达到并超过"十三五"单位 GDP 碳排放强度下降目标任务。从人均碳排放强度看，按年末常住人口计算，全市人均二氧化碳排放已从 2010 年的 7.33t$CO_2$$_e$ 下降至 2023 年的约 5.6t$CO_2$$_e$，较 2010 年下降约 24%。

7.1.2　广州市人口现状与特征

以广州市 2020 年第七次人口普查的人口为起始人口，采用 6.5 节列出的人口预测方法，对广州市 2020~2050 年的人口规模和分布进行预测。

7.1.2.1 常住人口快速增长

2020 年广州市全市常住人口 [①] 为 1867.66 万人，与 2010 年第六次全国人口普查的 1270.08 万人相比，十年共增加 597.58 万人，增长 47.05%，年平均增长率为 3.93%（表 7-1）。广州市常住人口快速增长，年均增长率高于全国（0.53%）和广东省（1.91%），主要有几个原因。

（1）跨市流入的常住人口规模不断扩大。全市 1 867.66 万常住人口中，非户籍常住人口 937.88 万人，比 2010 年增长 97%，年均增长 7%，占全市常住人口比例达 49.98%，比 2010 年提高 12 个百分点以上，其中又有近半数来自广东省外。

（2）落户政策进一步优化，吸引了大量高校毕业生、技术工人、技能人才、留学生等不同层次人才入户广州市。根据公安部门数据，十年来，广州市户籍机械变动人口中，净迁入人数保持较高水平，净迁入户籍人口达 98 万人。

（3）国家"单独二孩""全面两孩"生育政策的陆续实施取得了积极成效，广州市生育水平有所回升。

表 7-1 广州市分性别年龄的人口（2020 年） （单位：人）

年龄	男性	女性	总人口
0~4 岁	544 130	474 693	1 018 823
5~9 岁	486 117	410 733	896 850
10~14 岁	367 286	307 230	674 516
15~19 岁	544 642	438 194	982 836
20~24 岁	1 018 596	896 396	1 914 992
25~29 岁	1 110 255	942 804	2 053 059
30~34 岁	1 188 099	996 187	2 184 286
35~39 岁	941 267	814 228	1 755 495
40~44 岁	728 273	643 693	1 371 966
45~49 岁	773 438	695 790	1 469 228
50~54 岁	652 005	593 699	1 245 704
55~59 岁	506 867	471 385	978 252
60~64 岁	330 993	339 272	670 265
65~69 岁	274 257	301 635	575 892
70~74 岁	170 902	188 114	359 016

---

① 常住人口是指市内 11 个区的人口，不包括居住在市内 11 个区的港澳台居民和外籍人员，包括居住在本乡镇街道且户口在本乡镇街道或户口待定的人、居住在本乡镇街道且离开户口登记地所在的乡镇街道半年以上的人、户口在本乡镇街道但外出不满半年或在境外工作学习的人。

续表

年龄	男性	女性	总人口
75~79 岁	98 858	116 404	215 262
80~84 岁	73 162	92 107	165 269
85~89 岁	40 098	59 775	99 873
≥ 90 岁	16 760	28 261	45 021

资料来源：广州市统计局《广州市人口普查年鉴 -2020》

7.1.2.2 人口老龄化显现，但仍处于人口红利黄金期

图 7-1 显示，广州市常住人口中，60 岁及以上人口占比为 11.41%，其中 65 岁及以上人口占比已达 7.82%。与 2010 年相比，60 岁及以上人口占比提高 1.67 个百分点；65 岁及以上人口占比提高 1.15 个百分点。按照国际通用标准，这意味着广州市已跨入老龄化社会。

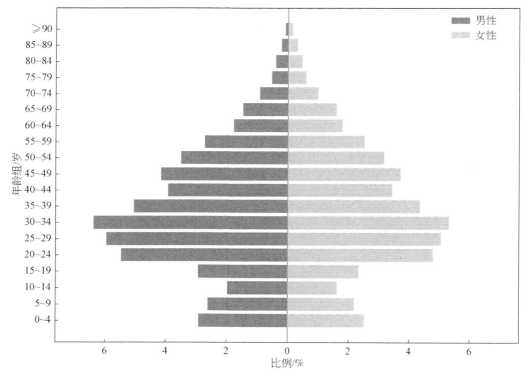

图 7-1　广州市人口年龄结构（2020 年）

资料来源：根据广州市第七次人口普查数据绘制

值得注意的是，广州市进入老龄化社会，并不代表着人口红利已经消失，从多方面情况来看，广州市目前仍处于人口红利黄金期。

一是全市 1867.66 万常住人口中，0~14 岁人口占比达 13.87%，比 2010 年提高 2.4 个

百分点，少儿人口占比提高。

二是 15~59 岁的劳动年龄人口占比为 74.72%，虽比 2010 年下降 4.07 个百分点，但占比仍保持较高水平。

三是广州市常住人口平均年龄为 35.4 岁，低于全国的 38.8 岁，总体人口平均年龄正值"当打之年"。

四是大量跨市流入的青壮年人口"用脚投票"，不仅为广州市提供了丰富的劳动力资源，还延缓了广州市人口老龄化进程。

广州市第七次人口普查数据显示，广州市常住人口总负担系数（指 0~14 岁和 65 岁及以上人口与 15~64 岁人口之比）为 27.69%，仍明显低于 50% 的临界线，广州市常住人口红利黄金期特点依然明显。

7.1.2.3　城镇化率已达高位，人才红利显现

第七次全国人口普查数据显示，广州市常住人口城镇化率达 86.19%，相较于 2010 年第六次全国人口普查时的 83.78% 提升了 2.41 个百分点，已经超过发达国家城镇化率（80%）。

十年间，广州市城镇人口比例在达到一个较高的水平后仍保持稳定增长，一方面大量流动人口主要集中在城镇地区，另一方面随着广州市社会经济发展、城镇规模的扩大和人口数量的增加，越来越多的农村人口转移到城镇工作和生活。

从受教育程度看，与 2010 年相比，全市常住人口中每 10 万人中拥有大学受教育程度的人口数大幅上升，由 19 228 人上升为 27 277 人，高于全国的 15 467 人、全省的 15 699 人；与 2010 年相比增长 41.86%。

人口聚集、产业聚集和教育资源聚集带动了广州市的人才聚集，广州市 2020 年高新技术企业数量从 2015 年的 1900 多家增加到超过 12 000 家，国家科技型中小企业备案入库数连续 3 年居全国城市第一。同时，2020 年在校大学生规模达 130.71 万人，数量居全国城市第一。创业创新人才和 100 多万在校大学生带动广州市进入人才红利时代，释放更加强劲的发展潜力，为广州市加快构建现代产业体系提供人才支撑。

7.1.3　广州市具备率先开展碳预算制度建设的制度条件

广州市作为全国首批低碳城市试点、碳达峰碳中和试点城市，在温室气体清单编制、节能降碳政策、碳市场等方面已经积累了丰富的经验和数据，具备开展碳预算制度建设的条件。

7.1.3.1　构建了碳排放"双控"工作相关政策法规支撑体系

"十三五"期间，广州市政府推进了广州市能源管理条例的专题研究，相继印发出台了《广州市能源监测管理办法》《广州市重点用能监管单位能源管理信息系统建设补助资

金管理办法》《广州市重点用能监管单位能源管理信息系统补助资金申报和系统对接验收指引（试行）》等法规文件，能源消费总量控制法治化、规范化支撑水平明显提高。"十四五"以来，广州市积极推动以控制能源消费为核心的"能控"政策转向以控制碳排放为重点的"碳控"政策，统筹建立二氧化碳排放总量控制制度。2024 年 7 月，《国家碳达峰试点（广州）实施方案》提出建立碳预算管理体系，包括建立碳预算管理制度、推动重点碳排放单位开展碳预算管理、设立碳排放管理岗位在内的三方面内容列入广州市实施碳达峰试点的政策创新机制中。

"十三五"期间，广州市出台了《广州市节能降碳第十三个五年规划（2016—2020 年）》《广州市发展改革委广州市工业和信息化委关于加强重点用能单位能源"双控"工作有关事项的通知》《广州市发展改革委关于印发广州市"十三五"能源消费总量控制工作方案的通知》，分年度制定广州市能源消费总量和强度"双控"工作要点，将工作目标分解至各区，制定印发各区节能目标责任评价考核方案并严格执行评价考核，推动各区进一步将目标分解到各部门和区级重点用能单位，确保目标责任落实到位。碳排放目标设定及总量分配是碳预算制度的关键环节，碳预算制度的设计与管理经验可以充分借鉴节能目标责任制的既有政策基础，从目标设定、指标分配、执行监督和绩效评估等方面为碳预算制度提供参考。

《广州市能源发展"十四五"规划》指出，广州市将于"十四五"规划期间，推进用能预算管理，按照控制能源消费增量与优化存量相结合的原则，建立健全市、区、重点用能单位三级用能预算管理制度。强化节能审查制度，将节能审查能耗指标来源与各区能耗"双控"挂钩，推动节能审查意见落实情况验收工作，推进节能审查全流程闭环管理，加大节能监察力度。用能预算管理制度是确保地区能耗增长总量和强度双控任务完成的制度基础，也是碳预算管理制度实施的重要前提。随着能耗"双控"向碳排放"双控"路径的稳步转变，用能预算管理制度的管理模式、政策保障、实践经验能够为积极探索碳预算管理制度提供可复制、可推广的经验。

7.1.3.2 广州市开展的多层次温室气体排放清单编制工作为碳预算方案编制提供数据基础

广州市积极践行应对气候变化行动，自 2010 年启动温室气体清单编制工作以来，至今已连续编制了 13 年的城市温室气体排放清单。在此基础上，广州市开展了多项相关研究和分析项目，包括碳排放达峰研究、碳交易控排企业碳排放分析、2021 年重点排污单位碳排放分析等。此外，广州市还加快推动区级温室气体清单试点工作，逐步开展以下项目：黄埔区 2020 年和 2021 年温室气体排放清单编制、花都区 2020~2021 年温室气体清单报告、南沙区 2018~2022 年温室气体清单编制，以及广州市生态环境局增城分局温室气体清单编制等。

7.1.3.3 碳交易机制为碳排放预算管理制度带来工具基础

全国碳市场从试点到运行，经历了 10 年的探索，发电、石化、化工、建材、钢铁、有色、造纸、航空等高排放行业的数据核算、报送和核查工作形成了比较扎实的基础。碳排放权交易市场运行两年来，企业意识和能力明显增强。国内企业在碳交易试点运行及全国碳市场建设进程中，对碳管理涉及的相关工作有充分了解，且部分企业内部形成了相对成熟的管理策略和管理团队。

市场机制方面，至 2023 年，广州市共有 7 个行业 48 家企业纳入广东省碳市场交易，连续 10 年 100% 完成履约清缴任务。碳预算管理与碳排放权交易市场的深层次融合，可以使碳预算成为碳交易市场配额总量设定的基准和指引，同时碳市场的供求关系也是碳预算设定和调整的重要依据。

7.2 广州市人口规模与分布预测模型的参数设置

采用 6.5 节和 6.6 节构建的人口总量和分布预测方法，结合广州市的实际情况对模型进行参数设置。

7.2.1 生育参数设置

生育参数包括生育水平（总和生育率）、生育模式（年龄别生育率占总和生育率的比例）和出生性别比。详细解释参照附录 A。

7.2.1.1 总和生育率

本研究采用高、中、低三种不同的生育率情景，以反映可能出现的不同生育情况（图7-2）。参数设置参考附录表 A1。

1）高生育率情景

在高生育率情景下，广州市的总和生育率（Total Fertility Rate，TFR）参数设定是基于一系列可能影响生育率的有利条件。

2020 年：在 2020 年，广州市的高、中、低三种生育率情景的参数均设定为 1.14。这一设定基于现实的生育率数据，为后续年份的预测提供基线。

2025~2030 年：在这一时期，高生育率情景下的生育率参数逐渐上升至 1.2。这一增长反映了政策放宽和社会经济条件改善可能带来的生育率上升趋势。政府可能的生育政策优化和社会经济条件的持续改善可能会鼓励更多家庭增加生育意愿。

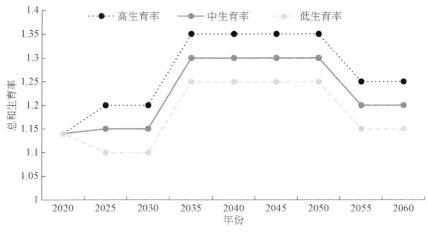

图 7-2　总和生育率参数设置（2020~2060 年）

2035~2050 年：在这一时期，高生育率情景下的生育率参数维持在 1.35。这一设定反映了在较长的时间段内，政策和社会经济条件的积极影响可能会持续推动生育率保持在相对较高的水平，尤其是在政府可能的生育激励政策和社会对多子女家庭接受度提高的背景下，生育率可能会保持在较高的水平。

2055~2060 年：在这一时期，高生育率情景下的生育率参数略有下降，降至 1.25。这一调整可能反映了随着时间的推移，一些初期推动生育率增长的政策和社会经济条件的影响可能会逐渐减弱，但生育率仍保持在相对较高的水平。

高生育率情景主要反映了在一系列有利条件下，生育率可能的变化趋势，以及这些变化对广州市未来人口结构和碳排放可能产生的影响。

2）中生育率情景

中生育率情景是在当前政策和社会经济条件基础上，反映广州市生育率可能保持相对稳定的情况（Gu et al.，2019）。以下是对中生育率情景下的生育率参数设定的详细描述。

2020 年：在 2020 年，所有生育率情景下的参数均设定为 1.14，作为预测的基线，其反映了广州市在该年的实际生育状况。

2025~2030 年：在这一时期，中生育率情景下的生育率参数逐渐提升至 1.15。这一微小的增长可能反映了政府的生育政策稳定和社会经济条件逐渐改善，但没有显著的生育激励政策或其他促进生育的措施。

2035~2050 年：在这一时期，中生育率情景下的生育率参数保持在 1.3。这一设定反映了在持续稳定的政策和社会经济条件下，广州市的生育率可能会保持在一个中等水平。尽管可能会有一些生育激励政策，但它们可能不足以推动生育率显著增长。

2055~2060 年：在这一时期，中生育率情景下的生育率参数略有下降，降至 1.2。这一调整可能反映了随着时间的推移，一些促进生育的政策和社会经济条件的影响可能会逐渐减弱。

中生育率情景主要反映了在当前政策和社会经济条件下，广州市的生育率可能保持在一个中等水平。在没有额外的生育激励和社会经济条件没有显著改善的情况下，生育率可能会保持在这个水平，为广州市未来的人口结构和碳排放提供一个相对稳定的预测基础。

3）低生育率情景

低生育率情景主要反映了在一系列不利条件下，广州市生育率可能进一步下降的情况。以下是对低生育率情景下的生育率参数设定的详细描述。

2020年：在2020年，所有生育率情景下的参数均设定为1.14，作为预测的基线，其反映了广州市在该年的实际生育状况。

2025~2030年：在这一时期，低生育率情景下的生育率参数逐渐降至1.1。这一微小的下降可能反映了社会经济压力的增加和生活成本的上升，导致家庭可能推迟生育或选择生育较少的子女。

2035~2050年：在这一时期，低生育率情景下的生育率参数增加至1.25。尽管生育率略有回升，但仍低于高生育率和中生育率情景。这一设定反映了即便在一些生育激励政策的影响下，广州市的生育率仍然处于一个较低的水平，可能是由于持续的社会经济压力和高生活成本。

2055~2060年：在这一时期，低生育率情景下的生育率参数再次降至1.15。这一调整可能反映了随着时间的推移，一些促进生育的政策和社会经济条件的影响可能会逐渐减弱。

低生育率情景主要反映了在不利的社会经济条件和生活成本持续上升的情况下，广州市的生育率可能会进一步下降。在没有额外的生育激励和社会经济条件持续恶化的情况下，生育率可能会保持在这个较低的水平，为广州市未来的人口结构和碳排放提供一个保守的预测基础。

通过综合考虑上述因素和可能出现的不同生育情况，本研究为广州市未来人口预测提供了合理的生育率参数设定，并为评估生育率变化对未来人口的可能影响提供了重要的参考依据。

7.2.1.2　生育模式

生育模式体现了特定时期内，不同年龄组女性的生育行为与生育率的综合表现。该模式通常通过年龄别生育率（Age-Specific Fertility Rate，ASFR）进行描述与量化。ASFR是指特定年龄组内的女性生育率。而平均生育年龄是指已生育子女的女性在生育时所处的平均年龄。通过深入剖析生育模式的变化，能够更为准确地理解和预测未来的人口动态。生育模式参数设置见图7-3。具体数值参见附录表A2。

首先，年龄组15~19岁、20~24岁和25~29岁的ASFR预计在未来的时间里会呈现下降趋势。这一趋势可能受多种因素影响，包括社会经济条件的变化、教育水平的提高以及女性职场参与率的增加等。这些变化可能会推迟女性的生育年龄，从而影响年轻年龄组的生育率。

其次，年龄组 35~39 岁、40~44 岁和 45~49 岁的 ASFR 预计将逐渐上升。这可能反映了生育年龄逐渐推迟的社会趋势。随着社会经济条件的变化和女性职场参与度的提高，许多女性可能会选择在更晚的年龄生育。

另外，平均生育年龄也呈现出逐年增加的趋势，从 2020 年的 30.54 岁逐渐增加到 2060 年的 33.73 岁。这一变化可能受许多因素影响，包括社会经济条件的变化、家庭和职场的平衡以及政府政策等。这种生育年龄逐渐推迟的趋势，不仅影响了不同年龄组的生育率，也反映了社会结构和文化价值观的变化。

综上所述，通过综合考虑不同年龄组的 ASFR 和平均生育年龄的变化，可以更好地理解广州市未来的生育模式变化趋势。通过了解和分析生育模式的变化，能够更准确地预测未来的人口结构和数量，从而为广州市的碳排放管理制定更为合理和有效的策略。

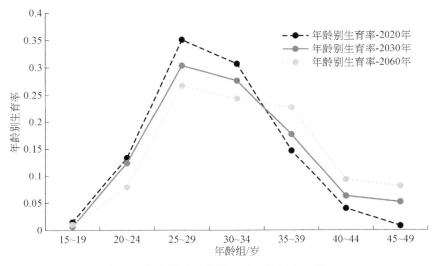

图 7-3 生育模式参数设置（年龄别生育率）

7.2.1.3 出生人口性别比

1）历史数据 (2000~2020 年)

2000~2020 年，广州市的出生人口性别比（SRB）呈现出逐步下降的趋势。在这期间，出生人口性别比从 117.1 降至 114.86。

2）基础年份 (2020 年)

2020 年作为基础年份，其出生人口性别比为 114.86，为后续情景设定提供了参考基线。

3）情景设定 (2021~2060 年)

根据随机漫步模型的情景设定，从 2021 年开始，广州市的出生人口性别比预计将逐年缓慢下降。2021 年的出生人口性别比为 114.74，而到 2060 年，出生人口性别比预计将下降到 106.69（图 7-4）。在这个设定中，每年的出生人口性别比变化主要受年度变化的平均值、年度变化的标准差以及随机波动的影响。

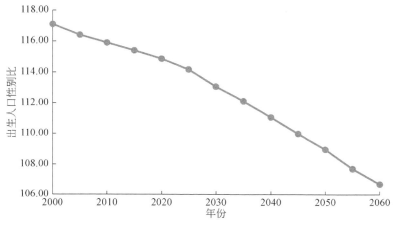

图 7-4　出生人口性别比参数设置（2020~2060 年）

4）逼近正常范围 (2058~2060 年)

在情景设定的末期，即 2058~2060 年，出生人口性别比逐渐逼近正常范围（通常认为正常的出生人口性别比范围为 103~107）。例如，2060 年的出生人口性别比为 106.69，接近正常范围的上限。

通过以上情景设定，可以预见在未来几十年内，广州市的出生人口性别比将逐渐下降，并在 2060 年接近正常水平。这种情景设定有助于理解和预测广州市未来的人口结构和社会发展，为相关的政策制定和城市规划提供参考。

7.2.2　平均预期寿命参数设置

本研究采用平均预期寿命作为衡量死亡水平的主要指标，运用线性随机漫步模型结合历史数据，旨在更精确地预测未来广州市平均预期寿命的变化趋势。模型考虑了广州市的社会经济发展、医疗服务改善及其他相关因素。具体数值参见附录图 B1。

7.2.2.1　高预期寿命参数

2025 年，广州市男性的平均预期寿命将达到 78.96 岁，女性为 82.24 岁。该结果反映了过去五年广州市在社会经济稳健发展和医疗服务逐步完善的背景下，人均寿命的轻微增长。

2030 年，男性的平均预期寿命略有下降至 78.75 岁，而女性预期寿命则增长至 82.80 岁。此现象可能由随机漫步模型中的变异性导致，反映了未来预期寿命的不确定性，同时也可能是男性年龄结构或社会经济状态的微妙变化。

2040 年，男性的平均预期寿命将回升至 80.09 岁，女性为 84.36 岁。此长期趋势的上升反映了科技进步和医疗服务的持续改进对人均寿命的积极影响。

2050 年，男性的平均预期寿命将为 80.28 岁，女性达到 86.45 岁。这一增长趋势可能得益于广州市在教育、健康和社会福利等领域的持续投入和创新。

2060 年，男性的平均预期寿命将进一步增长至 81.95 岁，女性为 87.20 岁，显示广州市居民的寿命有望达到发达国家和地区的水平。

通过以上分析可以看出，虽然随机因素导致短期内预期寿命的波动，但长期趋势仍显示广州市居民平均预期寿命的逐渐增长。这一趋势体现了广州市在经济发展、医疗卫生服务等方面的持续进步及其对居民健康和寿命的积极影响。

7.2.2.2 中预期寿命参数

2025 年，男性的平均预期寿命将达到 79.23 岁，女性为 83.33 岁。相较于高方案的情景，此预测略显保守，但依然反映了广州市在接下来五年的持续发展趋势。

2030 年，男性的平均预期寿命略微下调至 79.19 岁，而女性预期寿命则上升至 83.71 岁。这种细微的变化可能反映了广州市经济和公共卫生系统稳健发展的连续影响，同时也体现了模型预测中的不确定性。

2040 年，男性的平均预期寿命为 79.50 岁，女性为 83.96 岁。此增长趋势突显了广州市在包括医疗健康服务在内的多个领域的持续进步。

2050 年，男性的平均预期寿命将升至 80.22 岁，女性为 85.73 岁。这一预测反映了在中方案的情景下，广州市在医疗和科技领域的进步，为市民提供了更加健康的生活环境。

2060 年，男性的平均预期寿命将达到 81.25 岁，女性为 86.29 岁。长期趋势显示，广州市居民的生活质量和健康状况有望不断改善，预期寿命的增长反映了社会经济和医疗卫生服务的整体进步。

在中方案的情景下，尽管模型预测存在一定的不确定性，但在未来几十年，广州市社会经济稳定发展和医疗服务不断改善，将有力支撑居民平均预期寿命的持续增长。

7.2.2.3 低预期寿命参数

图 7-5 为平均预期寿命参数设置。2025 年，男性的平均预期寿命预计将达到 79.50 岁，女性为 84.43 岁。此趋势反映出，尽管面临某些不利因素，广州市的发展动力仍然显著。

2030 年，男性的平均预期寿命略微下调至 79.63 岁，女性平均则略微升至 84.63 岁。这表明广州市可能经历了一些短期内的经济或社会挑战，对男性和女性平均预期寿命产生了不同的影响。

2040 年，男性的平均预期寿命为 78.91 岁，女性为 83.55 岁。这一变化可能指出在低方案的情景下，广州市将面临更多挑战和不确定性，对居民健康和预期寿命造成一定影响。

2050 年，男性的平均预期寿命将恢复增长至 80.16 岁，女性为 85.02 岁。这一长期趋势的反弹表明，尽管面临挑战，广州市的基础设施建设和公共服务改善仍然能够促进居民平均预期寿命的增长。

2060 年，男性的平均预期寿命将进一步提升至 80.56 岁，女性为 85.38 岁。长远来看，这反映了广州市持续的社会经济发展和医疗卫生服务改善，有助于提高居民的健康水平和生命质量。

在低方案的情景下，广州市在面临不确定性和挑战的情况下，仍有望保持居民平均预期寿命的渐进增长。

考虑到广州市的经济实力、公共服务和生活质量，以上三种平均预期寿命的预测情景为广州市的未来人口预测提供了一个相对全面和灵活的框架。每种情景都考虑了不同的社会经济条件、公共健康状况和生活质量因素。这三种情景的设计旨在捕捉可能的不确定性和风险，从而为广州市的人口预测提供一个全面的视角。

此外，本研究采用冠尔西区模型生命表作为人口预测的死亡模式参数，详细说明见附录 B。

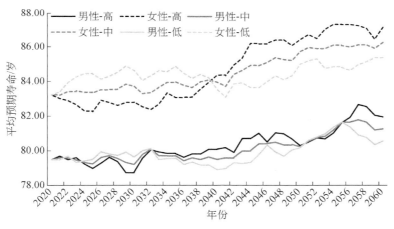

图 7-5 平均预期寿命参数设置（2020~2060 年）

7.2.3 迁移参数设置

7.2.3.1 迁移规模

根据历史趋势和人口变动的背景，本研究设计了衰减随机波动模型，模拟未来广州市人口迁移量的变动趋势。如果图 7-6 所示，2020~2060 年，净迁入人口将呈现持续的下降趋势。

2020 年，广州市的净迁入人口约为 243 902 人。其中，男性迁入人数略高于女性，反映出广州市对男性劳动力的较高吸引力。但随着时间的推进，无论男性还是女性，净迁入人口都将逐渐减少。

这一下降趋势与国家整体的人口负增长、广州市吸引人口的比较优势相对稳定以及无法进一步扩大等因素紧密相关。预计到 2060 年，广州市的净迁入人口将保持稳定，其中男女之间的差异将变得不那么显著。

值得注意的是，在这 40 年的时间跨度中，尽管净迁入人口总体上呈下降趋势，但仍存在一定的年度波动。这些波动可能受到经济周期、政策变化、城市发展速度以及其他不可预测的事件（如自然灾害、大型事件等）的影响。

总的来说，广州市在未来 40 年内将面临净迁入人口逐年减少的挑战，这对于城市的经济发展、劳动力市场、房地产市场等方面都可能产生一系列的影响。

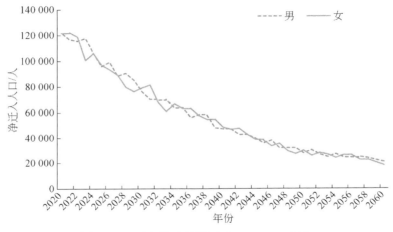

图 7-6 迁移规模参数设置（2020~2060 年）

7.2.3.2 迁移模式

本研究采用了假想队列方法来探讨广州市的人口迁移模式，详细参数设定参照附录 C。通过模拟 2015~2020 年的生育和死亡变动，得到了一个 2020 年的假想人口分布。与 2020 年的实际人口数据相比较，两者的差异即反映出 2020 年的净迁移人口模式。此方法为本研究揭示了不同年龄组在净迁移中的详细分布情况。如图 7-7 所示，广州市的人口迁移特点如下。

（1）年龄组 0~4 岁：此年龄组的男性和女性都显示出较高的迁移比例，分别为 7.08% 和 6.31%。这可能是家庭因为孩子的教育和生活质量选择子女随迁的一个显著标志。大多数大都市都显示出这种与子女教育和生活条件关联的迁移趋势（Smith et al.，2016）。

（2）年龄组 20~29 岁：这一年龄组的迁移比例显著超过了其他年龄组，特别是 20~24 岁的男性和女性，迁移比例达到了 25.72% 和 27.98%。这一现象可能与年轻人为了求学和就业而迁移有关。广州市作为一个经济中心，自然地吸引了众多寻求机会的年轻劳动力（Wang，2019）。

（3）年龄组 30~39 岁：尽管这一年龄组的迁移比例有所下降，但仍然相对较高，特别是 30~34 岁的男性，其迁移比例为 7.59%。这可能反映了家庭的稳定性及其对更好的生活条件和教育环境的需求，导致一部分家庭选择在广州市定居，而另一部分家庭选择离开（Liu and Shen，2014）。

（4）年龄组 55 岁及以上：这些年龄组的迁移比例相对较低，但仍有一定比例的人口选择迁移。这种迁移可能与退休生活的选择有关，如选择在广州市以外的地方过退休生活或与家人团聚（Zhou et al.，2017）。

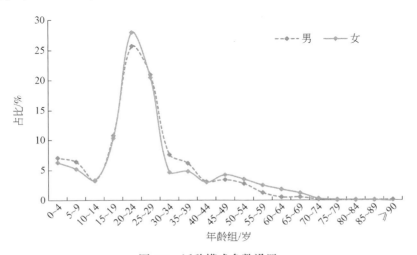

图 7-7　迁移模式参数设置

7.3　2020~2060 年广州市人口规模与分布预测结果

7.3.1　人口规模

7.3.1.1　人口增长与峰值

在三种人口预测方案的结果中（图 7-8），广州市的人口增长与下降呈现出明显的差异性。

高方案：根据这一预测，广州市的人口将从 2020 年的 1867.66 万人逐年增长。到 2051 年，人口将达到一个重要的转折点，预计总数为 2536.1 万人。然而，此后的预测显示，人口将开始出现下降的趋势，但下降的速度较为缓慢。

中方案：中方案预测，广州市的人口将在 2042 年达到峰值，约为 2282.3 万人。之后，与高方案相似，人口将开始逐渐下降，但下降的幅度和速度可能与高方案存在差异。

低方案：相比于其他两种方案，低方案的预测更为悲观。人口将从 2020 年的 1867.7 万人逐年增长，在 2039 年达到最高点，约为 2218.0 万人。但此后，人口将开始快速下降，可能的原因包括经济放缓、高房价压力、生育率下降等多种因素。

尽管这三种预测在人口峰值的时间和数量上存在差异，但它们共同指出了广州市在 2039~2051 年将达到人口峰值。此外，不论采用何种情景预测，广州市未来人口均呈下降趋势。造成这一现象的可能因素包括经济社会的发展、城市化进程的加速、生育观念的变化等因素影响，这与全国人口规模下降的趋势相一致。

综合考虑这三种预测方案，广州市在未来的人口发展中将面临一系列的挑战和机遇。峰值后的人口下降可能会对广州市的经济、文化和社会结构产生一定的影响。因此，制定相应的政策和策略，以适应和应对未来的人口变化，对广州市的持续发展至关重要。

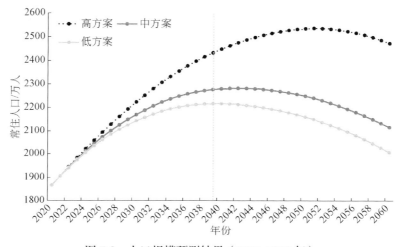

图 7-8　人口规模预测结果（2020~2060 年）

7.3.1.2　增长速度的变化

2020~2060 年，所有预测方案都指出广州市的人口增长速度将逐渐放缓。这与中国整体的城市化进程逐步走向尾声和人口红利的逐渐消减相吻合。随着城市化的不断推进，人口增长的速度将不可避免地减缓。

逐年减缓的增长速度：2020~2060 年，无论是高、中还是低方案，广州市的人口增长速度都呈现逐渐放缓的趋势，尤其在接近峰值的年份，这种放缓更为明显，直至转为负增长。

这种变化并不是广州市特有的现象，而是与中国整体的城市化进程和人口红利的消减趋势相一致。在过去的几十年中，随着经济的快速发展和城市化的推进，中国经历了大规模的农村到城市的人口迁移。然而，随着大多数人口已经迁移到城市，这种迁移的速度正在放缓，导致人口增长减缓。

城市化进程的尾声：广州市以及其他大多数一线和二线城市已经达到了相当高的城市化水平。这意味着，与过去相比，广州市现在吸引农村人口进入城市的潜力有限。再加上近年来的房价上涨，许多人选择留在二三线城市或返回家乡，这也是人口增长速度减缓的原因之一。

人口红利的逐渐消减：中国在过去几十年中受益于巨大的人口红利，但随着生育率的下降和人口老龄化的加剧，这一红利正在逐渐消失。这不仅会影响到劳动力供应，还会给公共服务和社会保障体系带来压力，从而进一步影响到人口增长的速度。

广州市的人口增长速度减缓是多种因素共同作用的结果，包括城市化进程的完成、人口红利的消减、房价上涨和生育率下降等。

7.3.1.3 负增长的考量

所有方案均预示未来广州市的人口将会出现负增长，但具体的开始时间和下降速度需要进一步深入分析（图7-8）。这种负增长的预测与 Wang（2018）的研究结果相符，其指出中国的人口将在2040年后进入一个长期的负增长状态。

综上所述，广州市未来的人口趋势将会受到全国和全球的多种因素的影响，其中包括人口结构、经济发展和社会变革等。目前的预测显示广州市的人口增长速度将逐渐放缓，并预测了人口的负增长，这与当前的研究和全球的观察趋势相吻合。

7.3.2 劳动力供给

7.3.2.1 劳动力增长与峰值

广州市在三种不同的劳动力预测方案中表现出了各自独特的增长和下降趋势（图7-9）。

高方案：在这一预测情景下，广州市的劳动力人口从2020年开始持续增长，并在2043年达到峰值，总量预计将达到约1720万人。这表明在一个较长的时间内，经济活力和劳动力市场的扩张将保持强劲。

中方案：预计广州市的劳动力人口在2033年达到峰值，总量约为1612万人。此后，劳动力将呈现逐步下降的趋势，这可能反映了一个渐进式的经济增长和劳动力市场的缓和衰退。

低方案：预测劳动力人口增长在2032年达到顶点，总量约为1593万人，之后迅速下降。这一趋势预示了较快的经济和市场变化，可能与经济增长放缓、生育率下降及其他社会经济因素紧密相关。

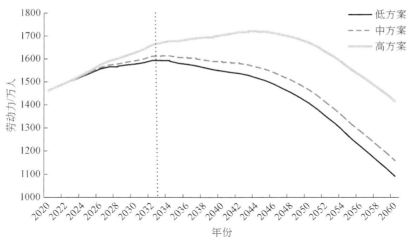

图 7-9　劳动力预测结果（2021~2060 年）

资料来源：项目组绘制

　　虽然三种预测方案在劳动力峰值的具体时间和规模上存在差异，但它们共同揭示了一个重要趋势：广州市的劳动力人口在 2032~2043 年将达到最高峰。随后，无论哪种情景，都将面临劳动力数量的下降。这种趋势可能与广州市的经济发展水平、城市化程度、劳动力市场的结构性变化以及国家层面的人口老龄化政策相协调。

7.3.2.2　劳动力增长速度

　　在 2020~2060 年预测期内，广州市的劳动力增长速度表现出逐步减缓的趋势，这一现象在三种不同的情景预测中都有所体现（图 7-10）。

　　高方案：劳动力年均增长速度的变化率为 –0.08%，其中最大的年增长率为 1.40%，而最大年减少率为 –2.14%。这表明在高方案下，尽管存在波动，劳动力总体呈现出缓慢的下降趋势。

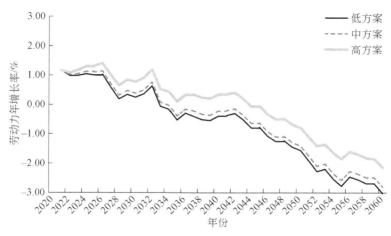

图 7-10　劳动力年增长率预测结果（2020~2060 年）

中方案：劳动力年均增长速度的变化率为-0.57%，其中最大年增长率为1.17%，而最大年减少率达到-2.80%。中方案的变化率波动范围更大，表明可能会经历更剧烈的经济波动。

低方案：劳动力年均增长速度的变化率为-0.72%，其中最大年增长率为1.17%，而最大年减少率为-3.02%。低方案的劳动力年均增长速度减少更为显著，反映出在最保守的预测中，经济和劳动力市场可能面临更大的挑战。

这些数据揭示了广州市劳动力市场在未来四十年里的主要趋势。随着城市化的深入，以及人口红利的减少，劳动力增长的速度预计将会放缓。特别是在中低方案中，劳动力增长速度的下降更为明显，预示着可能的经济调整和市场变化。

整体而言，广州市劳动力增长的放缓与中国城市化接近完成、生育率下降以及老龄人口比例上升的宏观趋势相一致。这种变化要求政策制定者和企业提前规划，确保能够适应未来劳动力供需变化带来的影响。

7.3.2.3 小结

广州市未来几十年的劳动力市场将展现出不同程度的增长与衰退。在高方案下，劳动力人口的持续增长预计将持续至2043年，达到峰值后会缓慢下降，这可能反映出在一定时期内，广州市将保持其作为经济中心的活力。中方案与低方案则预示着劳动力人口将在21世纪30年代早期达到顶峰，之后面临更快的下降趋势，这可能表明广州市的经济增长和劳动力市场发展需要适应生育率的变化、人口老龄化以及全球化带来的经济结构调整。

劳动力增长速度的预期放缓，特别是在中低方案中显著下降，提示政策制定者需要重视劳动力质量的提升和劳动市场的灵活性（International Labour Organization，2020）。技能培训、终身学习以及对创新和创业环境的支持将对维持劳动力市场的活力至关重要（World Economic Forum，2018）。同时，适应性政策和社会保障体系的强化将有助于缓解人口结构变化可能带来的影响（World Bank，2020）。

在制定未来的劳动力市场策略时，考虑到广州市与全球经济的紧密联系，国际视角尤为重要。世界银行的研究指出，全球劳动力市场的竞争力越来越依赖于劳动力的技能多样性和创新能力（World Bank，2021）。因此，广州市必须确保其劳动力市场适应国内的经济和社会发展，同时在国际舞台上保持竞争力（OECD，2022）。

综上所述，广州市的长远发展策略应包括对劳动力市场的综合规划，以确保在人口动态变化的同时，能够持续推动经济增长和社会繁荣。

7.3.3　人口老龄化

7.3.3.1　老年人口规模

2020~2060年，广州市老年人口（65岁及以上）的规模和增长趋势展现了显著的阶段性特点。从 2020 年起，老年人口的逐年增加体现了人口结构的显著变化，尤其是老龄群体的扩大。

初始阶段（2020~2030 年）：这一时期，老年人口的增长相对温和。2020 年，老年人口约为 146 万人，到 2030 年，这一数字略有增长。尽管这一增长不是特别显著，但已开始显现出人口老龄化的初步迹象。

中期加速（2031~2040 年）：这一时期，老年人口增长速度开始加快。这一时期，人口老龄化趋势变得更加明显，老年人口数量开始快速上升，反映出广州市中老年及老年群体的快速扩张。

显著增长（2041~2050 年）：这一时期内，老年人口的增长更加显著。随着更多人进入老年阶段，老年人口占总人口的比例急剧上升，这一变化凸显了广州市人口结构的深刻变迁。

高峰期（2051~2060 年）：这一时期，老年人口达到峰值。在低、中、高三种方案中，老年人口的数量和占比都达到最高水平，分别在不同方案中呈现出差异性的增长。特别是在低方案中，老年人口的增长最为显著。

7.3.3.2 人口老龄化水平

2020~2060 年，广州市人口老龄化水平呈现明显增长的趋势，这不仅显示了老年人口占总人口比例的增加，也反映了该城市逐步进入更深层次的老龄化社会。

初始阶段（2020~2030 年）：这一时期，老年人口占比的温和增长标志着广州市开始逐渐步入老龄化社会。2020 年，老年人口占比约为 7.8%，2028 年老龄化水平超过10%。虽然这一时期的增长幅度相对有限，但它揭示了人口结构正在发生的初步变化。

加速阶段（2031~2040 年）：这一时期是广州市老龄化水平加速增长时期。在中方案中，2030 年老年人口占比约为 12.3%，到 2040 年上升到约 19.6%。这一明显增长标志着广州市进入了更显著的老龄化阶段，老年人口在总人口中所占比例的显著提升反映了人口结构的重大变迁。

高峰期（2041~2060 年）：这一时期，老龄化水平的显著增长达到高峰。到 2060 年，老年人口占比在中方案下达到约 36%，在低方案下甚至高达 40%。这一显著增长标志着广州市不仅已经进入老龄化社会，而且在某些方案中正迈向超高龄社会。

7.3.3.3 老年抚养比的趋势和特点

2020~2060 年，广州市老年抚养比变化揭示了老龄化对社会和经济的重要影响（图7-11）。老年抚养比，即 65 岁及以上老年人口相对于劳动年龄人口的比例，是评估劳动力市场和社会支持系统压力的关键指标。

初始阶段（2020~2030 年）：这一时期，老年抚养比逐渐上升，但增长速度相对较慢。2020 年，老年抚养比在不同方案中大约为 10%，这反映了初步的老龄化趋势，但总体上，社会和经济的压力尚处于管理范围内。

加速阶段（2031~2040 年）：随着更多人口进入老年阶段，老年抚养比开始显著上升。

例如，到 2040 年，低方案的老年抚养比可能接近 30%，这意味着每三个劳动年龄人口就需要支持一个老年人。这一显著增长凸显了对社会支持系统和医疗保健资源的增加需求。

高峰期（2041~2060 年）：2041~2060 年，老年抚养比达到高峰。低方案中的老年抚养比可能超过 50%，甚至接近 70%，这揭示了一个严峻的现实：劳动年龄人口将面临巨大的支持负担，同时老年人口的医疗和福利需求将显著增加。

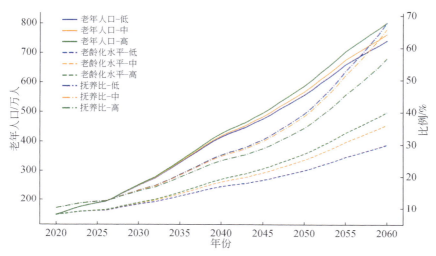

图 7-11　人口老龄化规模、老龄化水平与抚养比预测结果（2020~2060 年）

7.3.4　人口区域分布

根据 2020~2060 年的分区预测数据，广州市各区域的人口变化长期趋势呈现出与广州市社会经济发展中长期规划紧密相连的多样性（图 7-12）。

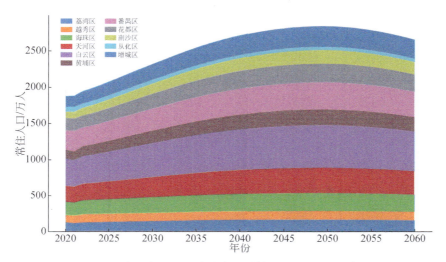

图 7-12　广州市人口区域分布预测结果（2020~2060 年）

7.3.4.1 白云区

在广州市各区域中，白云区的人口增长最为显著，预计将在 2020~2060 年增长约169.67 万人。这一显著的人口增长趋势不仅是该区域经济蓬勃发展的直接反映，而且突显了其在城市更新和基础设施建设方面取得的显著成就。白云区作为广州市的重要组成部分，在过去几十年里经历了深刻的变革，这些变化不仅涉及经济结构的优化，也包括了对城市布局和生活环境的全面提升。

随着区内交通网络的持续优化，包括地铁线路的延伸和道路交通的改善，白云区的连通性显著增强，这不仅便利了居民的日常出行，也为商业活动提供了更加便捷的条件。此外，新型产业园区的兴建，特别是高新技术产业园和商务中心的发展，吸引了大量企业和人才聚集，进一步推动了区域经济的多元化和高质量发展。

这些经济和基础设施的进步，加之区内生活配套设施的日益完善，如教育资源、医疗服务和文化休闲设施的丰富，共同提升了白云区的居住吸引力。新建的住宅区和改造后的社区，以其更优的居住环境和更高的生活品质，吸引了众多新居民的到来。这一人口增长趋势不仅体现了白云区作为居住和商业热点区域的地位，也是广州市整体向着更加宜居、现代化和多元化方向发展的一个缩影。

7.3.4.2 从化区

在广州市的区域人口变化趋势中，从化区呈现出一种独特的现象，与白云区的显著人口增长形成了鲜明的对比。预测数据显示，2020~2060 年，从化区的人口预计将减少约22.96 万人。这一预测不仅揭示了从化区在人口动态上的独特性，也反映了该区面临的多重挑战和转型压力。

从化区的人口减少趋势可能源于多方面的因素。首先，经济结构的转型是一个关键因素。随着全球和国内经济环境的变化，从化区的传统产业可能面临着重组或衰退的压力，导致就业机会的减少。这种经济结构的转型可能没有及时为当地居民提供足够的新就业机会，引发了一部分居民的迁出。

其次，城市化的边缘效应也是影响从化区人口减少的一个重要因素。随着广州市中心区域的持续扩张和发展，从化区作为一个相对边缘的区域，可能在吸引和留住人口方面面临挑战。更中心化的城市区域通常能提供更多的就业机会、更高质量的教育资源和更完善的医疗服务，这些因素吸引了从化区的居民向中心区域迁移。

此外，从化区的自然环境和地理位置虽然具有一定的生态和旅游价值，但在快速发展的城市化进程中，这些优势可能没有被充分利用或转化为经济增长的动力。因此，从化区在未来可能需要更加注重生态保护和绿色发展，通过发展生态旅游、休闲农业等新兴产业，来创造新的经济增长点和就业机会。

综上所述，从化区的人口减少趋势既是对该区域经济和社会发展现状的反映，也是对未来发展策略和方向的一种提示。对于城市规划者和政策制定者来说，关注并解决这些挑战，优化从化区的发展环境，将是促进该区域长期可持续发展的关键。

7.3.4.3 核心商业区（天河区、海珠区）

在广州市的多个区域中，天河区和海珠区作为城市的核心商业区，预计将在人口方面经历显著的增长。根据2020~2060年的人口预测，天河区预计将增长约101.35万人，而海珠区预计增长约58.16万人。这两个区域的显著人口增长，可以归因于其在广州市经济和社会发展中的核心地位，以及其不断发展的高新技术、金融服务和商业零售等关键领域。

天河区，作为广州市的高科技和金融中心，已经吸引了众多国内外知名企业和机构的入驻，成为创新和商业活动的热点。区内高端商务区和科技园区的建设，如珠江新城和天河软件园，为高技术产业和金融服务业提供了强大的平台和基础设施支持，进而吸引了大量国内外人才和资本。天河区的人口增长，是其作为广州市经济发展引擎的直接体现，同时也反映了其在全球经济网络中的日益重要性。

海珠区，位于珠江南岸，其因优越的地理位置和发达的商业零售业而成为广州市的另一个人口增长点。海珠区的传统商业区和新兴商业项目，如琶洲国际会展中心，不仅促进了商业活动的繁荣，也吸引了大量的消费者和游客。此外，海珠区在城市更新和居住环境改善方面的持续投入，如滨江道和工业区改造项目，进一步提升了该区域的居住吸引力，吸引了大量新居民的迁入。

总的来说，天河区和海珠区的人口预计增长反映了这两个区域在广州市现代化、国际化进程中的关键作用。随着这两个区域在高新技术、金融服务和商业零售等领域的持续发展，它们将继续作为广州市吸引人才和投资的重要区域，为广州市的整体发展贡献动力。

7.3.4.4 黄埔区和番禺区

在广州市的郊区中，黄埔区和番禺区人口预计将经历显著的增长，反映出这些区域在工业活动、高科技产业以及生态旅游方面的吸引力。根据2020~2060年的人口预测，黄埔区预计增长约76.76万人，而番禺区预计增长约81.74万人。这两个区域的人口增长不仅是其经济发展和社会吸引力的体现，也是广州市郊区化发展趋势的重要标志。

黄埔区，作为广州市的重要工业基地和高新技术产业发展的先锋，已经成为吸引国内外投资的热点。区域内的科技园区和产业集群，如广州经济技术开发区和广州科学城，为众多高科技企业提供了优越的发展环境。随着这些企业的兴起和扩张，黄埔区吸引了大量的技术人才、管理人员和工作人员，促进了人口的自然增长。此外，黄埔区在城市基础设施和生活配套设施的建设上也取得了显著成就，进一步提升了该区域的居住和工作吸引力。

番禺区，位于广州市南部，以其丰富的文化遗产和自然景观而闻名，如著名的长隆旅游度假区和大夫山森林公园。近年来，番禺区在发展生态旅游和休闲产业方面取得了显著成就，成为城市居民休闲娱乐的首选之地。此外，番禺区在提高住宅和商业设施建设上的投入，如新型住宅小区和购物中心的开发，为当地居民和外来迁入者提供了优质的居住条件和便利的生活服务。这些因素共同促进了番禺区的人口增长。

综合来看，黄埔区和番禺区的人口增长预测反映了广州市郊区在工业活动、高科技产业以及生态旅游方面的强大吸引力。这两个区域的发展不仅为广州市经济多元化贡献了重要力量，也为广州市的可持续发展和城市生态平衡提供了重要支撑。随着这些区域的进一步发展和城市化进程的推进，预计广州市将继续吸引更多居民和企业的迁入，为其全面发展注入新的活力。

7.3.4.5　其他区域

在广州市的区域人口变化格局中，荔湾区、越秀区、花都区、南沙区和增城区各自展现出了独特的人口变化趋势。这些趋势不仅反映了各区域在社会经济发展中的差异化特点，也揭示了广州市整体发展策略的多元性和综合性。

荔湾区，作为广州市的传统老城区，其人口变化趋势体现了城市历史区域的发展特点。荔湾区以其丰富的文化遗产和历史风貌吸引了大量游客和居民，同时也面临着城市更新和居住环境改善的挑战。荔湾区在保护历史文化遗产的同时，积极推进城市更新项目，提升居住条件和生活品质，预计将吸引更多居民的迁入。

越秀区，作为广州市的政治和文化中心，其人口变化趋势反映了中心城区的稳定发展。越秀区拥有成熟的商业设施、优质的公共服务和丰富的文化资源，这使其成为广州市极具吸引力的居住和工作区域。越秀区在未来的发展中，预计将保持其作为城市中心的重要地位，继续吸引人口和资本的聚集。

花都区和南沙区，分别作为广州市的北部和南部重要区域，展现出各自独特的发展潜力。花都区作为广州市的重要工业基地和交通枢纽，其人口增长与区域经济发展和交通便利性密切相关。南沙区则因其在广州市对外开放和经济发展中的战略地位，预计将成为新兴经济活动和人口增长的热点区域。

增城区，其人口预计增长最为显著，达到114.27万人，这一显著的增长趋势凸显了增城区在广州市整体发展中的重要性。增城区作为广州市的新兴发展区，不仅拥有广阔的发展空间，还具备良好的自然环境和生态资源。随着城市化进程的推进和区域经济的发展，增城区吸引了大量居民和企业的迁入，成为广州市的重要增长极。

总体而言，这些区域的人口变化趋势反映了广州市在不同区域的发展策略和特色。从传统老城区的文化保护和更新，到新兴区域的经济发展和城市扩张，广州市展现了其作为大都市的综合发展能力和区域多样性。这些趋势对于未来广州市的城市规划和发展策略具有重要的指导意义，为广州市的持续发展和居民福祉提供了坚实的基础。

7.4　广州市碳达峰行动方案和技术预见分析

广州市人民政府已于2024年7月印发《国家碳达峰试点（广州）实施方案》（简称《广州碳达峰实施方案》），提出到2025年、2030年建设目标与行动方案，以及广州市碳达峰行动八个领域的重点工作任务，并在科技创新的工作部署中提出了具体的低碳核心技术攻关重点。

7.4.1 广州市碳达峰行动的主要内容

《广州碳达峰实施方案》部署的重点工作任务中，将切实保障能源供应绿色安全、稳步提高能源资源利用效率放在首位，对工业领域、城乡建设绿色发展、交通运输、生态系统碳汇能力、绿色要素交易、碳达峰碳中和示范等提出了具体的行动部署，明确提出通过碳预算管理，合理分解能耗强度及碳排放强度下降目标任务（表7-2）。

表 7-2 广州市碳达峰行动主要内容

序号		重点任务	主要责任单位
1	切实保障能源供应绿色安全	坚实筑牢化石能源兜底保障作用。推动广州珠江电厂、恒运电厂煤电机组容量替代为大容量高参数的支撑性煤电机组。推进白云恒运天然气发电、增城旺隆气电、知识城天然气热电联产等一批高效天然气发电项目建设。多渠道拓展海内外气源，持续完善天然气输配网络	市发展和改革委员会、市工业和信息化局、市生态环境局、市城市管理综合执法局、广州供电局，以及各区人民政府按职责分工负责
2		积极开发利用新能源。以氢能、新型储能、光伏为重点推进新能源产业发展。大力发展太阳能分布式光伏发电，增加本地绿色电力供应，加快黄埔、从化整区屋顶分布式光伏开发试点建设。推广氢能及燃料电池在交通、电力等领域应用，推进加氢站和制氢加氢一体站建设。支持金融城起步区通过冰蓄冷储能发展区域集中供冷	市发展和改革委员会、市工业和信息化局、市交通运输局、市港务局，以及各区人民政府等按职责分工负责
3	主要任务	加快建设新型电力系统。扩展需求响应资源，推动现有工业用户的辅助、非连续性生产等用电设施灵活性可中断调控改造，在全市需求侧管理平台中逐步吸纳公共建筑、电动汽车充换电设施、新型储能、虚拟电厂等灵活调节资源。打造广州市储能监管平台，展示广州市储能电站的整体运行情况。推进国家新型储能创新中心建设	市发展和改革委员会、市工业和信息化局、市规划和自然资源局、市住房和城乡建设局、市城市管理综合执法局、市交通运输局、广州供电局，以及各区人民政府等按职责分工负责
4	稳步提高能源资源利用效率	全面提升碳排放管理水平。逐步推进能耗双控转向碳排放双控，通过碳预算管理，合理分解能耗强度及碳排放强度下降目标任务。推动重点碳排放单位设立碳排放管理岗位。鼓励企业采用合同能源管理等模式推进节能低碳技术改造。建设市碳达峰碳中和监测管理平台（穗碳云），实现碳排放的科学监测和智能分析，大幅提升碳排放管理全链条、精准化、智慧化水平	市发展和改革委员会、市工业和信息化局、市统计局、市生态环境局、市交通运输局、市住房和城乡建设局，以及各区人民政府等按职责分工负责
5		持续提高重点用能设备能效水平。综合运用税收、价格、补贴等多种手段，加快淘汰落后低效用能设备，推动电机、变压器、锅炉等重点用能设备系统节能改造，推广应用先进节能降碳设备。鼓励引导高能耗、高排放的老旧交通运输工具加快淘汰，更新使用节能环保新型交通工具，支持老旧新能源公交车及电池更新换代。落实新造船舶能效设计指数分阶段实施要求和验证机制。分类有序推进技术落后、不满足有关标准规范、节能环保不达标的建筑设备更新，重点推进住宅及商业楼宇老旧电梯更新、建筑施工设备更新等工作	市发展和改革委员会、市工业和信息化局、市住房和城乡建设局、市交通运输局、市港务局、市国有资产监督管理委员会，广州市税务局，以及各区人民政府等按职责分工负责

序号			重点任务	主要责任单位
6	主要任务	稳步提高能源资源利用效率	健全废旧物资循环利用体系。完善废旧物资回收网络，推动建设一批"两网融合"网点。推动现有再生资源加工利用企业提质改造，开展技术升级和设备更新。推进生活垃圾分类处理，提高后端垃圾处理效率，提升垃圾资源化利用水平。完善建筑废弃物资源化利用体系，加快建设建筑废弃物资源化利用基地和装修垃圾分拣中心。加快构建"源头落实产者责任，收集转移过程严格监管，加强末端无害化处置"的废旧动力电池回收处置体系。推进再制造产业发展，支持有条件的区开展汽车零部件再制造产业园建设	市发展和改革委员会、市工业和信息化局、市生态环境局、市住房和城乡建设局、市商务局、市城市管理综合执法局、广州市供销合作总社，以及各区人民政府等按职责分工负责
7		深入推进工业领域节能降碳	持续优化产业结构和用能结构。梯度培育重点产业链群，培育一批战略性新兴产业。推动国家级中小企业特色产业集群建设，支持绿色低碳转型产业发展壮大。加快技术装备创新突破，提升电气化普及率。大力实施电能替代，在条件成熟的区域开展电气化示范区建设	市工业和信息化局、市发展和改革委员会、广州供电局，以及各区人民政府等按职责分工负责
8			加快推进制造业绿色化转型。推动制造业企业利用工业互联网、云计算、大数据、人工智能、5G等新一代信息技术开展绿色化转型，大力推动智能制造装备与智能制造工业软件研发应用，提升国产智能技术及产品的质量。深入开展清洁生产审核，对石化、钢铁、水泥、汽车、电子行业及信息基础设施等重点行业实施节能、节水、节材、减污、降碳等系统性清洁生产改造。健全产品碳足迹核算体系，鼓励企业建立碳计量实验室，为企业绿色发展提供统计核算支撑，促进供应链节能降碳，增强应对国际绿色贸易规则能力	市工业和信息化局、市发展和改革委员会、市生态环境局、广州市场监督管理局，以及各区人民政府等按职责分工负责
9		大力加强城乡建设绿色发展	全面提升建筑绿色低碳水平。新建建筑全面执行绿色建筑标准，推动星级绿色建筑规模化和高质量发展，对重点区域实施高星级绿色建筑集聚发展。积极推进光伏建筑一体化建设，鼓励使用空气源热泵等技术，推动新建公共建筑实现全电气化。逐步对交通枢纽站场、展馆等公共建筑进行电气化改造。对大型公共建筑逐步实行能耗限额管理	市住房和城乡建设局、市发展和改革委员会、市规划和自然资源局、市交通运输局、市商务局、市城市管理综合执法局、广州供电局，以及各区人民政府等按职责分工负责
10			广泛推行绿色低碳建造方式。大力发展多体系装配式建筑。加强推广绿色建材、绿色施工技术、绿色建造模式。探索实施建筑材料数字化管理，推广节能型施工设备。加强施工现场建筑垃圾管控，在施工现场建立废物回收系统，推进建筑垃圾集中处理、分级利用	市住房和城乡建设局、市交通运输局、广州市场监督管理局、市城市管理综合执法局，以及各区人民政府等按职责分工负责
11		持续深化交通运输低碳转型	加快形成绿色低碳交通运输方式。推进海铁联运、江海联运发展。探索建立粤港澳大湾区"一票式"联程客运服务体系。探索建立近零排放货运通道，推进道路交通近零排放转型。加强公交地铁线网衔接，完善公共交通无障碍出行设施，鼓励发展定制公交、便民巴士等多样化公交服务	市交通运输局、市港务局、市发展和改革委员会、市规划和自然资源局、市生态环境局、市商务局，以及各区人民政府等按职责分工负责

续表

序号		重点任务	主要责任单位
12	持续深化交通运输低碳转型	积极推进交通运输装备低碳化。持续扩大氢能源建筑废弃物运输车辆示范应用规模。逐步提高新能源汽车在新车产销和汽车保有量中的占比。推动船舶绿色低碳转型，发展绿色航运。以珠江游为重点，有序推动电动船舶应用，优先形成电动船舶示范航线。推动港口绿色化低碳化转型升级，加快现有船舶受电设施改造，新建、改建、扩建码头工程（油气化工码头除外）同步设计、建设岸电设施，促进船舶靠港使用岸电常态化	市交通运输局、市港务局、市发展和改革委员会、市商务局、市城市管理综合执法局，以及各区人民政府等按职责分工负责
13		加快建设绿色交通基础设施。在城市公交客运站场、地铁站点、港口码头等公共交通候乘场所推广应用绿色照明、节能空调等节能技术。推进住宅小区、公共停车场、高速公路服务区、公交站场等场所建设充换电设施。统筹推进汽车加氢站规划布局，鼓励利用现有加油站、加气站改建或扩建加氢设施	市交通运输局、市住房和城乡建设局、市港务局、市工业和信息化局、市发展和改革委员会、市规划和自然资源局、市城市管理综合执法局，以及各区人民政府等按职责分工负责
14	主要任务 / 巩固提升生态系统碳汇能力	有序推动碳汇资源提质增效。推进森林提质增效，积极开展造林、封山育林和森林抚育，通过林分改造、补植套种、中幼林抚育、大径级森林培育等措施，改善林分结构，提高森林质量。实施科学轮作、秸秆还田、有机肥施用、绿肥种植、全生物降解地膜推广应用等措施，提升耕地土壤有机碳储量。对功能退化的湿地进行修复和综合整治，恢复湿地主要生态功能。推动海珠国家湿地公园打造成为国际标杆性湿地公园。在适宜恢复区域营造红树林，在退化区域实施抚育和提质改造，整体改善红树林生态系统质量和稳定性	市林业和园林局、市农业农村局、市规划和自然资源局、市生态环境局，以及各区人民政府等按职责分工负责
15	逐步健全绿色要素交易体系	大力推动碳排放权交易市场建设。配合做好国家及广东省碳排放权交易市场扩容工作。推动完善广州市碳普惠自愿减排交易体系。开发一批体现生态公益价值的、示范性较强的低碳行为碳普惠方法学。完善广州碳普惠服务平台。支持各区及符合条件的园区、机构申报碳账户、碳普惠、碳汇等绿色普惠金融创新试点	市委金融委员会办公室、市生态环境局、市发展和改革委员会、市财政局、市工业和信息化局、市交通运输局、市国有资产监督管理委员会、广州供电局，以及各区人民政府等按职责分工负责
16		丰富绿色要素交易产品。支持广州期货交易所加快推动碳排放权、电力、多晶硅等服务绿色发展的期货品种上市进程。完善"穗碳"平台等企业碳账户体系建设，强化数据支撑，扩大应用场景。强化绿证在用能预算、碳排放预算管理及重点产品碳足迹核算体系中的应用	市委金融委员会办公室、市发展和改革委员会、市工业和信息化局、市国有资产监督管理委员会、广州市场监督管理局、广州供电局，以及各区人民政府等按职责分工负责
17		持续完善生态产品价值实现机制。推进生态系统碳汇能力提升，拓展"两山"转化路径。按照国家、省的部署，有序推进生态产品统计和生态产品价值核算工作，逐步形成一批可复制可推广的生态产品价值实现模式。推动生态产品价值核算结果在金融领域的运用。支持金融机构围绕华南国家植物园、国家级湿地公园等生物多样性保护重点领域和生态友好型项目，开发符合生态碳汇和生物多样性保护特点的金融产品	市委金融委员会办公室、市发展和改革委员会、市规划和自然资源局、市生态环境局、市农业农村局、市林业和园林局，以及各区人民政府等按职责分工负责

序号		重点任务		主要责任单位
18	主要任务	积极开展碳达峰碳中和示范	推进多层次试点示范项目建设。鼓励各区在综合性片区、产业园区、综合交通、建筑楼宇、工业制造、居民社区等类别中打造一批省级、市级碳达峰碳中和试点。按照园区、工厂、建筑、交通等类别制定零碳项目评价标准体系，分条线分批次筛选并认定一批零碳试点示范项目。开发推广零碳公园、零碳新型农房等一批零碳场景	市发展和改革委员会、市工业和信息化局、市住房和城乡建设局、市交通运输局、市生态环境局、广州市市场监督管理局、市商务局、市文化广电旅游局、市国有资产监督管理委员会、市港务局、市林业和园林局、市农业农村局，以及各区人民政府等按职责分工负责
19	科技创新	建立健全科技创新体制机制	设立市级碳达峰碳中和重大科技专项，开展低碳零碳负碳技术攻关，打造绿色低碳领域科技创新策源地。建立健全科技成果转化机制，完善科技成果转移转化服务体系，强化绿色技术创新成果转化和产业化。完善技术创新市场导向机制，支持企业、高校、科研院所等建立孵化载体，积极引进绿色技术创新项目、创新创业基地。开展广州市碳减排技术预测和评估，提出不同产业门类的碳达峰技术支撑体系	市科学技术局、市教育局、市工业和信息化局、市规划和自然资源局，以及各区人民政府等按职责分工负责
20		加强低碳科技创新能力建设	加快推进粤港澳大湾区国际科技创新中心的高质量建设，强化与港澳及国际绿色低碳技术创新主体的跨区域合作。依托在穗高校、科研院所、企业等建设一批碳达峰碳中和市级重点实验室、技术研发中心等创新平台，支持行业企业联合高校、科研院所和上下游企业共建绿色低碳产业创新中心，推动产学研用深度融合	市科学技术局、市发展和改革委员会、市教育局、市工业和信息化局、市规划和自然资源局，以及各区人民政府等按职责分工负责
21		强化低碳核心技术攻关推广	支持全球变化与海气相互作用、"蓝碳"科学与技术、海洋生物资源固碳机制、卫星遥感时序变化监测等前沿领域开展重大基础研究。开展一批低碳零碳技术攻关和应用示范。组织节能降碳关键技术、"卡脖子"技术攻关，聚焦可再生能源高效利用、节能、氢能、新型电力系统、近零能耗建筑等重点领域，开展应用基础研究。打造全国天然气水合物研究和商业开发总部基地。推动电力、石化等行业建设二氧化碳捕集利用与封存全流程、集成化、规模化示范项目	市科学技术局、市发展和改革委员会、市工业和信息化局、市规划和自然资源局、市生态环境局、市住房和城乡建设局、市交通运输局、市城市管理综合执法局、市林业和园林局，以及各区人民政府等按职责分工负责
22		加大专业人才队伍建设力度	加大绿色低碳相关专业高精尖人才引进力度，加快培养一批碳达峰碳中和领域国际一流学者、学科带头人和高水平科研团队。支持在穗高校设立碳中和研究院，加快绿色低碳相关学科、学院建设，建立多学科交叉的绿色低碳人才培养体系。深化产教融合，支持高校、科研院所和科技创新企业合作，培养建设本地低碳产业青年创新人才队伍	市发展和改革委员会、市科学技术局、市教育局、市人力资源和社会保障局、委组织部，以及各区人民政府等按职责分工负责
23	政策创新	建立碳预算管理体系	建立碳预算管理制度。建设碳预算总量、碳预算分配、监督评估与调整、预算借贷灵活机制等制度体系。研究实行碳排放快报、年报制度。研究推行市、区、重点碳排放单位三级碳预算管理，建立全市和各区重点碳排放单位的碳排放预算台账。定期开展碳预算使用情况评估	市发展和改革委员会、市工业和信息化局、市生态环境局、市住房和城乡建设局、市交通运输局、市统计局，以及各区人民政府等按职责分工负责

续表

序号		重点任务	主要责任单位
24	建立碳预算管理体系	推动重点碳排放单位开展碳预算管理。建立重点碳排放单位名录并实行动态更新。发布各行业碳预算管理指南。推动重点碳排放单位编制年度碳排放平衡表。通过预算管理，核算碳排放指标并进行年度结算和考核。指导重点碳排放单位将碳减排和碳排放权交易等活动以企业预算的形式加以系统规划，推动重点碳排放单位控碳、降碳	市发展和改革委员会、市工业和信息化局、市生态环境局、市住房和城乡建设局、市交通运输局、市国有资产监督管理委员会，以及各区人民政府等按职责分工负责
25		设立碳排放管理岗位。推动重点碳排放单位建设碳排放管理体系，研究设立多级碳排放管理岗位。指导企业建立健全碳排放组织管理，推动重点碳排放企业设立"总碳排放师"等高层管理岗、"碳排放管理员"等中层管理岗，负责企业碳预算管理工作，督促企业开展降碳增效行动。逐步推动企业建设碳排放在线监测系统	市发展和改革委员会、市工业和信息化局、市生态环境局、市住房和城乡建设局、市交通运输局、市国有资产监督管理委员会，以及各区人民政府等按职责分工负责
26	政策创新	制定重点产品碳足迹核算规则标准。立足广州市的产业特点，重点开展新能源汽车、动力电池、光伏、电力设备、日用化工等行业的产品碳足迹研究。建立拟优先制定核算规则标准的重点产品目录，研究制定目录产品碳足迹核算规则标准，确定产品碳足迹核算边界、核算方法、数据质量要求和溯源性要求等	市发展和改革委员会、市工业和信息化局、市住房和城乡建设局、广州市场监督管理局，以及各区人民政府等按职责分工负责
27	健全碳足迹核算体系	加强研发碳达峰碳中和计量技术和设备。加强碳排放关键计量测试技术研究和应用，健全碳计量标准装置，开展碳计量测试仪器设备、关键核心部件、高精度测量仪器和计量校准装置的研制与应用，提升碳排放测量和监测能力。开展碳计量监测、碳计量审查和评价等制度研究	市发展和改革委员会、市科学技术局、市工业和信息化局、市生态环境局、市住房和城乡建设局、市交通运输局、广州市场监督管理局，以及各区人民政府等按职责分工负责
28		推动企业建立碳计量实验室。推动行业企业建立碳计量实验室，建设重点行业产品碳足迹背景数据库，编制碳足迹评价技术指南。开展市域动态电力排放因子研究，为实现分区、分时电排放因子准确计算提供依据，为推动构建精准的碳计量与碳核算体系提供参考	市发展和改革委员会、市工业和信息化局、市住房和城乡建设局、市交通运输局、市统计局、市国有资产监督管理委员会、广州市场监督管理局、广州供电局，以及各区人民政府等按职责分工负责
29	完善碳金融创新体系	健全"碳账户+碳信用"体系。探索推动以碳账户为基础、以碳信用为纽带、以碳融资为落点的碳金融服务体系建设。通过核算企业用能数据和碳排放数据，与行业基准值进行对比，将企业进行分级，形成企业碳账户。将企业碳账户数据与粤信融征信平台连通。推动金融机构创新推出"碳惠贷"等金融产品，根据企业碳信用情况实施差异化信贷政策。持续推进广州市企业碳效分级评估结果应用，将"碳账户+碳信用"体系建设在全市复制推广	市委金融委员会办公室、市工业和信息化局、广州供电局，以及各区人民政府等按职责分工负责
30		推动碳市场创新发展。做大碳配额抵质押融资、碳配额回购交易规模。深化完善生态产品价值实现平台，完善生态产品登记和交易服务体系，构建生态碳汇等生态产品市场化交易体系。研究绿色电力交易及碳排放权交易的机制衔接。开拓氢能、绿色甲醇、绿色甲烷等绿色要素交易产品。探索碳现货远期交易和跨境碳交易业务	市委金融委员会办公室、市发展和改革委员会、市工业和信息化局、市规划和自然资源局、市生态环境局、市国有资产监督管理委员会，以及各区人民政府等按职责分工负责

序号			重点任务	主要责任单位
31	政策创新	完善碳金融创新体系	探索期现联动业务。鼓励期货公司等金融服务机构与广州市相关产业企业、贸易企业合作，开展现货交易、期货仓单交易、基差交易、仓单融资等业务，开发碳排放权、电力市场期现价格指数，满足企业在碳排放权和绿色电力交易市场多样化的风险管理和融资需求	市委金融委员会办公室、市发展和改革委员会、市工业和信息化局、市国有资产监督管理委员会，以及各区人民政府等按职责分工负责
32			推广绿色金融特色网点建设。推广绿色金融特色网点建设模式，支持金融机构探索运营"碳中和"、建设"零碳网点"和开展环境信息披露。鼓励银行网点配备专业的气候投融资团队及客户服务专区，在固定位置展示绿色金融、低碳环保、碳中和等知识宣传资料，强化绿色低碳理念的引导和宣传，推动气候投融资产品创新	市委金融委员会办公室、市生态环境局，以及各区人民政府等按职责分工负责
33		形成碳要素保障体系	促进智库、联盟、基金、平台联合发展。组建碳达峰碳中和高端智库，成立广州市碳达峰碳中和产业联盟企业联合会。发起广州市碳达峰碳中和产业系列基金，专注投向碳达峰碳中和相关领域。搭建广州市碳达峰碳中和监测管理平台（穗碳云）。发挥智库、联盟、基金、平台合力，通过提供技术和资金支持，推动综合性片区、产业园区、居民社区、建筑楼宇、综合交通、工业制造等各类型碳达峰碳中和试点项目建设，策划绿色低碳产业推介会、"双碳"项目对接会，在能源绿色低碳转型、工业深度减碳、城乡建设和交通领域绿色低碳发展等方面，为我市引入一批优质绿色低碳重大项目	市发展和改革委员会、市工业和信息化局、市生态环境局、市住房和城乡建设局、市交通运输局、广州供电局，以及各区人民政府等按职责分工负责
34			发挥零碳项目示范引领作用。研究建立我市碳达峰碳中和技术目录，结合碳达峰碳中和试点工作进行示范应用，在碳达峰碳中和试点的基础上认定一批零碳示范项目，打造一批零碳场景。制定零碳项目评价标准体系，评定零碳示范项目等级。通过总结复制零碳示范项目建设模式，扩大零碳项目建设力度，逐步推广碳达峰碳中和技术应用，促进碳经济发展	市发展和改革委员会、市工业和信息化局、广州市场监督管理局，以及各区人民政府等按职责分工负责
35		构建碳数字治理体系	搭建市碳达峰碳中和监测管理平台（穗碳云）。利用云计算、大数据、区块链等先进技术，实现对各重点领域碳排放和生态系统碳汇的科学监测及数据获取，实现涵盖全市及各区分领域、分行业、分能源品种的能源统计和碳排放核算，辅助支持能源审计、节能评估、碳预算管理工作。基于现状及经济发展态势分析碳排放趋势，提供情景式、参数化的碳达峰预测，支撑碳达峰行动部署。推动区域平台与全市能源管理与辅助决策平台、市碳达峰碳中和监测管理平台的耦合对接	市发展和改革委员会、市工业和信息化局、市规划和自然资源局、市生态环境局、市住房和城乡建设局、市交通运输局、市统计局、市林业和园林局、广州供电局，以及各区人民政府等按职责分工负责
36			完善广州碳普惠服务平台。以数字化手段促进广州碳普惠的场景拓展，研究开发建筑、交通、教育等领域的碳币获取及消纳场景。完善广州碳普惠自愿减排注册登记平台，研究发布衣食住行用等居民生活相关领域的广州碳普惠方法学，激励多领域开发广州碳普惠减排项目	市生态环境局牵头，市教育局、市住房和城乡建设局、市交通运输局，以及各区人民政府等按职责分工负责

续表

序号		重点任务	主要责任单位
37	政策创新 / 构建碳数字治理体系	打造广州市储能监管平台。展示广州市储能电站的整体运行状态、设备监测、实时电量等信息，推动用户侧储能电站有序接入平台。开展中央空调、充电桩、储能等柔性负荷控制技术研究，实现城市级规模化负荷聚合应用，达成广州电网需求侧响应能力不低于最大用电负荷 5% 的目标。推进新型电力负荷管理系统刚性负荷控制接入，开展产业链联动的刚性负荷控制精细化管理模式研究，推动接入新型电力负荷管理系统的可控制负荷达到广州电网最大负荷的 20%	市工业和信息化局、广州供电局，以及各区人民政府等按职责分工负责
38		扩展"穗碳计算器"应用场景。以"穗碳计算器"等公共碳账户服务平台为企业提供碳排放计算数字化工具，强化工业企业碳排放统计核算基础。基于平台汇聚企业能耗和碳排放情况，探索建立低碳企业评价体系。支持平台在绿色认证、"绿色化"诊断改造、清洁生产审核验收、工业节水与用水核查等政企务领域深度应用	市委金融委员会办公室、市工业和信息化局、市发展和改革委员会、市生态环境局、广州供电局，以及各区人民政府等按职责分工负责
39	全民行动 / 加强生态文明宣传教育	将生态文明教育纳入国民教育体系，以碳达峰碳中和基础知识为重点，普及生态文明理念。充分利用新媒体，广泛开展形式多样的生态文明建设宣传教育活动，宣传节能降碳知识和政策。组织全国节能宣传周、全国低碳日、世界环境日等主题宣传活动，鼓励市民广泛参与，增强社会公众的绿色低碳意识	市委宣传部、市发展和改革委员会、市教育局、市生态环境局，以及各区人民政府等按职责分工负责
40		深入开展绿色生活创建行动，建设节约型机关、绿色家庭、绿色学校、绿色社区，形成崇尚绿色生活的社会氛围。大力推进全市建筑面积10万平方米(含)以上的大型商场开展"绿色商场"创建。推行绿色消费、绿色居住、绿色出行，宣扬简约适度、绿色低碳、文明健康的生活理念和生活方式。实施消费品以旧换新行动，大力推广节能家电、高效照明产品、新能源汽车、节水器具等	市发展和改革委员会、市教育局、市工业和信息化局、市生态环境局、市住房和城乡建设局、市交通运输局、市商务局、市国有资产监督管理委员会、广州市场监督管理局、市妇女联合会，以及各区人民政府等按职责分工负责
41	推广绿色低碳生活方式 / 引导企业履行社会责任	充分发挥行业协会等社会团体作用，督促企业自觉履行社会责任。引导和鼓励企业转变生产经营理念，主动适应绿色低碳发展要求，增强企业环境责任意识。鼓励电商企业打造线上绿色平台，为消费者提供绿色低碳产品，引导商家低碳生产。鼓励重点用能单位、相关上市公司和发债企业等按照强制性披露要求定期公布碳排放信息	市发展和改革委员会、市工业和信息化局、市生态环境局、市商务局、市国有资产监督管理委员会，以及各区人民政府等按职责分工负责
42	保障措施 / 加强组织领导	发挥市碳达峰碳中和工作领导小组作用，统筹研究重要事项、制定重大政策。市碳达峰碳中和工作领导小组办公室应加强统筹协调，对各部门和各区工作进展情况进行调度，督促各项任务落实落细。各相关部门、各区按照本方案确定的建设目标和主要任务，细化具体政策措施，压实工作责任，确保政策到位、措施到位、成效到位	市碳达峰碳中和工作领导小组办公室牵头，各有关部门、各区人民政府等按职责分工负责

续表

序号		重点任务		主要责任单位
43	保障措施	强化政策支持	推动节约能源、循环经济、清洁生产、环境保护、绿色低碳科技创新等领域地方性法规、政府规章制定修订。各相关单位要充分利用各类支持措施加强对有关项目的保障和对绿色低碳产业的支持，鼓励探索形成长效机制。引导符合条件的绿色低碳项目建设、技术研发申请各级财政预算。严格落实差别电价、阶梯电价等绿色电价政策	市委金融委员会办公室、市发展和改革委员会、市科学技术局、市司法局、市财政局、市工业和信息化局、市生态环境局、市住房和城乡建设局、广州市场监督管理局、广州市税务局，以及各区人民政府等按职责分工负责
44		严格监督考评	建立健全碳达峰碳中和综合评价考核制度，明确各部门职责，督促各部门推进各项工作落实。细化方案各项目标任务，组织开展试点建设目标任务评估	市碳达峰碳中和工作领导小组办公室牵头，各有关部门、各区人民政府等按职责分工负责
45		加强宣传推广	加强对政策创新的宣传推广，切实发挥示范引领作用。深入总结试点建设中好的经验做法，形成可复制可推广的案例，及时上报国家和省	市碳达峰碳中和工作领导小组办公室牵头，各有关部门、各区人民政府等按职责分工负责

资料来源：广州市人民政府门户网站.广州市人民政府关于印发国家碳达峰试点（广州）实施方案的通知 [EB/OL]. https://www.gz.gov.cn/zwgk/fggw/szfwj/content/post_9757513.html[2024-12-20]

7.4.2　支撑广州市碳达峰行动的科技行动

结合国家发展和改革委员会印发的《绿色技术推广目录（2020 年）》，对《广州碳达峰实施方案》中提出的强化低碳核心技术攻关推广内容进行梳理，包括打造全国天然气水合物研发和商业开发总部基地、推动电力、石化等行业建设二氧化碳捕集利用与封存全流程、集成化、规模化示范项目，全球变化与海气相互作用、"蓝碳"科学与技术、海洋生物资源固碳机制、卫星遥感时序变化监测、可再生能源高效利用、节能、氢能、新型电力系统、近零能耗建筑等重点领域的科技行动、节能降碳关键技术。表 7-3 展示了部分绿色低碳技术的名称、核心技术、主要技术参数、综合效益。

表 7-3　支撑碳达峰行动的科技行动（部分）

序号	技术名称	适用范围	核心技术及工艺	主要技术参数	综合效益
1	基于燃烧和润滑性能提升的车用燃油清净增效技术	交通车辆/非移动污染源治理	基于具有助燃作用硝基烃类化合物和低摩擦组分等材料，经复配后形成主要成分，用于改善发动机燃烧过程，提高燃烧速度，增加等容度，提高燃烧效率，有效降低燃油消耗，改善污染物排放，降低摩擦损失，提升动力响应	节油率 ≥ 3%；尾气中 HC、CO、NO_x、PM 污染物总量减排 ≥ 20%	按 2019 年全国汽油消耗 12 000 万 t、柴油消耗 15 000 万 t 计算，年节约 1185 万 tce；减少 CO_2 排放约 3152 万 t

| 142 |

续表

序号	技术名称	适用范围	核心技术及工艺	主要技术参数	综合效益
2	磁悬浮离心鼓风机综合节能技术	高效节能装备	采用磁悬浮轴承技术，消除摩擦，无须润滑；高速电机直驱技术，省却机械传动损失；利用智能管理模式，根据工况进行风量、风压调整、防喘振、防过载及异常工况下的操作，高度智能化，降低了操作和维护要求	功率50~1000kW；鼓风机正压升压范围：30~150kPa；鼓风机正压流量：40~450m³/min；鼓风机负压真空度范围：−70~10kPa；鼓风机负压抽速：80~1120m³/min；噪声≤85dB	无机械损耗，核心部件可回收；比罗茨风机节能30%，负压比水环节能40%
3	基于低品位余热利用的大温差长输供热技术	余热利用	在热力站设置吸收式换热机组降低一次网回水温度，提高供回水温差，增加管网输送能力；在热电厂设置吸收式余热回收机组回收汽轮机余热，减少环境散热；同时换热站内的低温回水促进电厂内余热回收效率得到提升，提高电厂整体供热效率	利用既有传热过程中的温差损失，在不增加能耗的前提下，提高热电厂供热能力30%以上；降低热电联产能耗40%以上；提高既有管网输送能力80%	余热回收和换热站改造投资1000~1500元/kW。300MW热电厂改造后年减少9.3万tce，减少CO_2排放量24.2万t、SO_2排放量0.7万t、NO_x排放量0.34万t、烟尘排放量6.3万t
4	光储空调直流化关键技术	高效节能装备	将光伏输出直流电直接连接变频空调系统直流母线，实现光伏直流直接驱动空调系统。实现了并离网多模式运行及自由切换，用电可不依赖于电网。通过引入储能单元，系统用电实现光伏储能互补，能量可用可储。利用功率阶跃抑制技术解决系统模式切换瞬间运行不稳定问题。利用能源信息智慧管理技术实现系统发电用电储电的智慧调度	系统模式切换时间最短4.6ms；系统功率阶跃抑制时间小于200ms；压缩机转速波动小于0.1rad/s	光伏直驱利用率99.04%，电能转换效率提升6%~8%；设备成本降低10%~20%
5	基于废弃物再生的自养、异养水处理高效脱氮技术	城镇污水处理	利用复合活性矿物合成一体化材料，在污水处理碳氮循环中引入硫循环，为反硝化过程提供多相电子供体，驱动硝酸盐转化成氮气，实现高效且低成本脱氮。水体中原低浓度有机物也可通过与无机碳之间的微循环被充分利用，实现自养、异养反硝化的协同脱氮。集成微生物抗逆技术，确保在低温、高溶解氧进水条件及水质水量变化的冲击下，始终保持高效脱氮性能	适用水质：盐度≤7%，温度5~45℃，溶解氧≤6.5mg/L；容积负荷范围：0.5~5kgN/(m³·d)；出水总氮浓度低于1mg/L，优于国家城镇污水一级A排放标准	减少污水处理厂约30%温室气体排放及脱氮环节70%~90%污泥排放。出水总氮浓度低于1mg/L，可节省30%~70%脱氮成本
6	高效节能低氮燃烧技术	工业燃烧器	采用"3+1"段全预混燃烧方式，三个独立燃烧单元，使炉内温度均匀，热效率提高，解决燃烧不充分导致的高排放。用风的流速引射燃气，燃烧过程中逐渐加速，同方向上混合燃烧，充分利用燃气的动能，增加炉内尾气循环、延迟排烟速度，降低排烟温度，提高热交换效率，有效抑制NO_x、CO_2、CO的产生，节约燃料。通过分段精密配风，实现最佳风燃比。火焰稳定，负荷变化<40%时，热效率不变	火焰的出口速度：240~360m/s；烟气的含氧量：0.5%~10%；实现节能10%~30%	污染物排放浓度：NO_x<25mg/m³，CO<10mg/m³，CO_2<20%

续表

序号	技术名称	适用范围	核心技术及工艺	主要技术参数	综合效益
7	钢铁窑炉烟尘细颗粒物超低排放预荷电袋滤技术	工业炉窑烟气净化	预荷电袋滤技术可使烟气中细颗粒物预荷电，荷电后的粉尘在直通式袋滤器滤袋表面形成多孔、疏松的海绵状粉饼，可强化过滤时细颗粒物的布朗扩散和静电作用，提高碰触几率和吸附凝并效应，从而提高细颗粒物净化效率；超细纤维面层滤料可实现表面过滤，减少细颗粒物进入滤料内部，防止 $PM_{2.5}$ 穿透逃逸，稳定实现超低排放	颗粒物排放浓度 < 10mg/m^3，$PM_{2.5}$ 捕集效率 > 99%，设备阻力 700~1000Pa，设备漏风率 < 1.5%；预荷电装置工作电压 50~72kV，二次电流 80~120mA	与传统袋式除尘技术相比，预荷电袋滤器颗粒物排放浓度下降 30%~50%，环保效益显著；运行阻力能耗降低 40% 以上，节能效益显著；占地减少 35%，单位产品钢耗量降低 25%
8	数字智能供电技术	高效节能装备制造	采用多输入多输出电源技术，在一套电源系统上实现多种能源供应，多种低压制式输出。采用模块化设计，可方便、快速、不停电更换换流模块、管控模块、直流输出配电模块，支持各类模块混插，可随意组合并机输出；通过分布式软件定义电池系统，对充放电和成组进行动态管理和控制，实现电池信息化管理，智能运维	输出电压制式：直流 12V 或 48V、225~400V，供电效率 ≥ 96%，功率密度 ≥ 50W/$inch^3$（1inch=0.0254m）；防护等级：IP20（室内型）、IP55（室外型）	基站一体化能源柜：占地空间需求降低约 60%，供电效率提升 8%~17%。数字能源机柜：ICT 设备机柜装机率提升 30%~40%，供电效率提升 10%~15%
9	新能源汽车全铝车身制造技术	新能源汽车	选择封闭截面铝合金挤出型材和热塑性玻纤增强复合材料分别作为车身骨架和覆盖件材料，利用"挤/弯/焊-型/粘/喷-装"一体化短流程工艺，建成多车型柔性焊装生产线，实现短流程、低材耗、低排放和智能化生产	车身扭转刚度达 26 967N·m/(°)，车身全尺寸焊接质量合格率 92%	单车碳排放 112kgCO_2/辆；生产制造过程能耗 11.9kgce/辆；车型行驶能耗 9.7（kW·h）/100km
10	建筑能源监管与空调节能控制技术	建筑节能	基于物联网、云平台、系统集成等技术，通过建筑群→建筑→楼层→房间→用能设备的多层级多维度能耗数据的可视化、同环比分析，实现用能监管、指标对比分析、定额管理、节能诊断等；对空调系统各个运行环节整体联动调控，通过管网水力平衡动态调节、负荷动态预测技术实现冷源系统能效优化控制，通过分时分区控温、室内动态热舒适性优化调节技术实现末端精细化管理控制，实现空调系统高效节能运行	建筑综合节能率 15% 以上，其中空调系统节能率为 20%~30%	以改造 15 万 m^2 建筑群为例，预计总投资 1000 万元，改造后五年内可实现建筑综合节电率 21.16%，项目投资回收期约 3 年
11	大型燃煤电站低成本脱硫废水零排放技术	工业污水处理	运用"低温余热浓缩减量 + 高温热源干燥固化"的废水零排放工艺流程，解决低能耗、高倍率浓缩问题，解决水质波动性影响，提高技术适应性，解决加药成本高、最终盐的出路、高含盐废水易结垢、易腐蚀等问题，通过适用于高含盐废水的干燥装置，低成本实现燃煤电厂脱硫废水零排放	脱硫废水浓缩倍率可达 10~15 倍，浓缩废水 TDS 可达 500g/L 以上，无废水外排	废水处理成本约 20 元/t，经济效益较好

续表

序号	技术名称	适用范围	核心技术及工艺	主要技术参数	综合效益
12	汽柴油清净增效剂生产技术	交通车辆	采用不含金属成分和灰分、特殊配方制备的胺基化合物、醚类化合物等作为主要组分，混合汽柴油后，在发动机内部通过高温高压燃烧过程发挥功效，在燃油燃烧过程中产生大量自由基，引发连锁的分子链反应，可优化燃烧过程，提高燃烧速度，有效提高燃油经济性，降低油耗，减少机动车尾气主要污染物	加入汽柴油中可同时降低污染物 HC 下降率 5.47%、CO 下降率 4.01%、NO 下降率 10.39%、气体污染综合改善率 19.87%，节油率 2.6%	按 2019 年全国汽油消耗 12 000 万 t，全国柴油 15 000 万 t 计算，一年可节约 1027 万 tce；减少 CO_2 排放约 2731.82 万 t
13	多能互补型直流微电网及抽油机节能群控技术	高效节能装备	通过风/光/储/网电等多能互补控制构成直流微电网，为多油井电控终端供电，发挥直流供电和多机集群优势。各抽油机冲次依采油工况优化调节，通过物联网实现集群协调和监控管理，使各抽油机倒发电馈能经直流母线互馈共享循环利用，提高能效，降低谐波污染，解决油田抽油机电控采油工艺和能效问题，大幅降低变压器容量、台数、线路损耗和抽油机电耗	工作温度：−40~80 ℃。驱动适应范围：额定电压 380V、660V、1140V 三相异步电动机、永磁同步电动机，功率范围在 5~55kW 的各种抽油机	与传统模式相比，节约变压器台数 90% 以上，节约变压器容量 65%；吨液生产有功节电率 15%~25%，无功节电率 90%~95%；网侧功率因数优于 0.95
14	高效节能 SiC 功率器件及模块关键技术	新能源汽车	以晶圆为材料，通过结构外延生长、干法刻蚀、制作碳膜、高温氧化等工艺来制备 SiC 芯片。通过优化芯片结构，增强电流密度，形成高可靠性栅介质；采用超声波金属焊接工艺和粗铜线键合工艺，提高端子焊点抗疲劳寿命和连接可靠性；通过端子键合、双面散热、纳米银烧结等互连技术实现 SiC 一体化水冷封装	SiC MOSFET 芯片：击穿电压 ≥ 1200V、导通电阻 ≤ 25mΩ，最高工作结温 ≥ 200℃。SiC 功率模块：击穿电压 ≥ 1200V、导通电流 ≥ 400A，最高工作结温 ≥ 200℃	新能源汽车电机控制器系统效率 99%。促进太阳能，风能等可再生能源发展，减少温室气体及有害气体排放
15	CO_2 捕集、运输、驱油、埋藏工程技术	温室气体减排	针对工业生产过程中不同浓度 CO_2 排放源，分别采用有针对性的捕集方法，尤其针对低浓度 CO_2 捕集，基于"AEA 胺液"、CO_2 双塔解吸节能工艺及热、碳、氮、氢四平衡节能技术，使采集成本大幅降低；捕集的 CO_2 采用管道输送，利用 CO_2 混相气驱、CO_2 辅助蒸汽吞吐、CO_2 非混相驱+刚性水驱、CO_2 前置蓄能压裂等采油技术，将 CO_2 注入多种类型油藏，实现 CO_2 地质封存，提高油藏采收率，尤其对强水敏低渗油藏和火成岩裂缝油藏取得驱油技术突破	$1tCO_2$ 捕集热耗小于3.2GJ，低于国内平均水平30%；CO_2 管道压力控制在 8~11.7MPa，采用密相/超临界区输送；稠油总体换油率达 2.01；稀油总体换油率达 0.78	实现温室气体减排，同时每埋藏 $1tCO_2$ 可采出原油约0.3t
16	废旧铅蓄电池高效回收利用制造集成技术	资源综合利用	整合全自动机械破碎分选、铅膏低温精炼、再生铅冶炼烟气制酸等技术，集成铅膏富钠侧吹连续熔炼等行业先进技术，实现废旧铅酸电池铅、塑料及硫酸等资源的全循环高效利用	资源综合利用率 97%、铅回收率 98.6%、废电池中硫资源利用率 97%；渣含铅 0.93%；再生粗铅主品位 98.5%、再生聚丙烯纯度 99%	以再生铅产量 20 万 t 计，综合经济效益可增加约 6000 万元。有效减少含铅废水和废气排放量

序号	技术名称	适用范围	核心技术及工艺	主要技术参数	综合效益
17	单体大容量、固态聚合物锂离子电池技术	高效储能	聚合物锂离子电池由铝塑膜包装，电解质采用固态/凝胶态聚合物膜，无游离电解液，极大提升了电池安全性，规格与外形可根据需要灵活调整；铝塑膜包装取代了钢壳/铝壳，有效提高单体电池的能量密度	电池内阻 < 0.35mΩ；磷酸铁锂电池系统平均能量密度 ≥ 167Wh/kg，系统实际温升 ≤ 6℃；储能方向循环次数 10 000 次以上，衰减不低于 80%，使用寿命不低于 12 年	采用 NMP 及预热回收进行资源循环利用，系统回收效率 > 99%，余热回收效率 > 40%
18	硅橡胶节能配电变压器技术	高效节能装备	用高性能硅橡胶绝缘材料及浇注工艺，结合主动消除局部放电、缺陷容错主绝缘、一体化硅胶套管增强表面绝缘等，生产的硅橡胶浇注干式变压器满足电力变压器一级能效要求，电气和消防安全可靠性高，产品终身免维护。所使用硅钢、铜材、硅橡胶等主材均可回收利用，生产过程能耗仅为是常规变压器的 10%	容量：100~2500kVA/10kV；局部放电 ≤ 5pC；主绝缘 3 重冗余；能效指标 > 1 级；材料可回收率 > 99%；燃烧等级 F1；绕组可燃物质量 <2%；噪音 <55dB，<45dB；允许长期过载 20%	产品具备过载能力和户外适应性；具有免维护优势，可大量服务于农村电网
19	退役动力电池高值化综合回收利用技术	资源循环利用	采用废旧动力电池自动化拆解、破碎和分离，以及电池废料高附加值湿法回收工艺，回收铜、铝、碳酸锂、磷酸铁和石墨等资源，实现从废旧电池中回收原料并再次做成电池材料的产业链循环利用，解决低能耗、低成本、高效回收废旧电池有价组分的问题	芯壳分离准确率 > 98%；外壳、铜回收率 > 98%；铝回收率 > 95%；锂综合回收率 > 92%；铁、磷回收率 > 92%；回收再生磷酸铁锂材料 0.1C 充电比容量 ≥ 155mAh/g；石墨回收率 > 98.5%；再生石墨纯度 > 99.7%	提高退役动力电池的回收经济价值，提炼了磷酸铁、碳酸锂、石墨等原料，产品附加值提高了 40%，极大减缓动力电池原材料紧缺问题，实现资源循环利用
20	废旧动力蓄电池综合利用技术	资源循环利用	利用废旧电池可用性多维度评价方法及快速分选技术、智能分时主动被动协同响应电池均衡技术以及模块化设计、柔性兼容的退役电池储能系统应用技术，通过对热蒸汽热解处理电解液的技术及装置、电池组分干法全自动分离收集技术及装置和氧化铝包覆和锰掺杂，实现废旧磷酸铁锂电池正极材料修复再生	电极组分一次收集率 ≥ 90%。通过氧化铝包覆和锰掺杂实现正极材料改性再生，首次放电容量 120.9mAh/g	退役电池成本仅为同类新电池的 30%；通过回收废旧锂电池中的锂、钴、镍、锰、铜、铝、石墨、隔膜等材料，能实现较好的经济收益
21	海上风电场升压站结构设计、建设和保障技术	清洁能源设施建设和运营	采用整体式或模块式等方式布置导管架、单桩、高桩承台等。利用整体工厂建造、整体海上运输、海上就位安装建造海上升压站。结构可靠、适应性强，现场施工作业少、环境友好；带有盐雾过滤装置的正压通风系统和具有多重油水分离功能的事故油收集装置，保证设备耐久性和安全性，实现海上升压站在海洋环境下长期可靠运行	电压等级 110~220kV；装机容量 100~500MW；水深 5~40m；离岸距离 10~80km；海上正常运行时间 ≥ 25 年	用海面积 ≤ 425m³

续表

序号	技术名称	适用范围	核心技术及工艺	主要技术参数	综合效益
22	10MW 海上风电机组设计技术	新能源装备制造	整机采用新型全密闭结构，可解决海洋腐蚀环境适应性问题；电气系统采用中压双回路，解决扭缆问题的同时提高无故障运行时间，电气效率提高 1.5%~3%；双驱电动变桨技术，解决了齿面磨损和驱动同步问题。发电机突破了兆瓦级海上风力发电机轴系、密封结构、电磁绝缘、通风冷却等技术，具有高可靠性、高性能、低维护成本的优点	额定功率 10MW；风轮直径 185m；可抗 77m/s 强台风；机组 MTBF 超过 2000 小时，在年平均 10m/s 的风速条件下，年等效小时数达 4000 小时	单台机组每年可减少能源消耗 13 000tce，CO_2 排放 29 770t
23	高效 PERC 单晶太阳能电池及组件应用技术	新能源装备制造	通过在电池背面沉积 Al_2O_3 钝化层来降低电池背表面载流子复合量，提升电池长波响应，从而提升电池转换效率。在电池端，采用 SE 技术和 MBB 技术，有效提升电池转换效率；在组件端，采用半片电池封装技术，既提升组件功率，又有效降低组件工作温度，具备出色的耐阴影遮挡性能	PERC 电池转换效率≥23%	1GW 光伏装机每年发电 16.4 亿 kW·h，折合 52.5 万 tce，减排 CO_2 约 120 万 t
24	超大功率电动压裂装备应用技术	油气资源开采	综合运用电动压裂成套装备总体集成技术、压裂装备负载特性匹配技术、大功率电机及多相变频控制应用技术、电传系统安全容错控制技术、数字混砂控制技术、井场油电混驱集群控制技术、高低压供配电技术以适应日趋增大的超大型压裂施工，实现页岩气及常规油气资源高效、经济、绿色开发	电动压裂泵装置输出功率 3700kW（5000hp），电动压裂泵装置最高工作压力 140MPa；连续工作 / 平均负荷率不小于 10h/65%；泵头体寿命≥600h；电动混砂装置最大流量 40m³/min；压裂控制装置稳定工作时间≥10 小时	与传统柴油驱动设备相比，可节能 35.1%
25	大型抽水蓄能关键技术	蓄能装备	利用全工况范围内避开"S"不稳定区域、提高稳定运行裕量的转轮参数控制方法，解决水泵和水轮机工况性能合理匹配问题。通过发电机全域三维磁场分析模型，研制出高转速向心式磁极绝缘托板结构和双向弹性金属塑料瓦推力轴承	转轮水轮机工况和水泵工况最优效率≥94%。发电电动机单根定子线棒瞬时工频击穿电压≥6.5Un；单根定子线棒起晕电压≥2.5Un；整机定子绕组起晕电压≥1.1Un	单位容量价格降低 10% 左右
26	深部煤层底板奥灰水保水探查与治理技术	煤炭清洁生产	利用先进成熟的地面定向钻孔施工工艺，通过大面积均匀布置钻孔，对煤层底板选定的目标层位（一般为灰岩）进行注浆加固，一方面探查封堵断层、陷落柱、导水裂隙带等导水构造；另一方面改造目标层位为隔水层，增强煤层底板的阻隔水能力。通过实施防治水工程，在开采煤层与奥灰含水层间形成大面积、区块型的挡水墙，阻断奥灰水由于煤层开采造成的涌出，保护区域奥灰水资源，也保障了矿井安全生产，实现保水安全开采	以 40~60m 间距实施定向水平分支钻孔，对漏失量大于 5m³/h 的区域进行注浆治理，对深部煤层底板进行面上精细探查与治理	煤防治水成本 10~120 元 /t，经济效益良好

序号	技术名称	适用范围	核心技术及工艺	主要技术参数	综合效益
27	太阳能热发电关键技术	新能源装备	利用槽式及塔式工程设计关键技术及全厂性能计算软件，完成塔式镜场布置及瞄准点策略优化，提升发电量；塔式电站定日镜、大开口槽式集热器等设计应用，提高光热系统效率，降低了工程造价	塔式太阳能热发电光电转化效率＞18%；槽式导热油太阳能热发电光电转化效率＞16%；集热器开口尺寸≥8.5m	每千瓦装机可替代相同容量燃煤机组参与调峰，节能300gce/（kW·h），减少CO_2排放687g/（kW·h）
28	配电网全替代SF6常压密封空气绝缘柜技术	电力设备	通过带压力平衡过滤装置的非焊接密封体系、主动防御内部故障的单相绝缘结构、相距爬距大裕度的绝缘设计，集支架与绝缘屏障合一新材料开关框架、高可靠简洁分离式开关操作机构、双重防误五防连锁核心技术，实现配电网SF6全部替代。免维护长寿命技术可构建紧凑配电房；全范围功能断路器支撑智能配电网毫秒级隔离故障的零停电区域自愈系统建设	E2级接地开关关合能力；真空三、清洁能源产业断路器机械寿命≥10 000次；三工位开关机械寿命≥3000次；常压密封箱体防护等级IP65	相比SF6柜，设计寿命按40年计算，每回路减少约4kg的SF6排放；大幅节省用地，占地仅为传统产品1/5，配电房碳排放量寿命周期内不到传统产品1/70
29	潜油往复式直线电机油气开采技术	油气资源开采	通过对永磁同步变频直线电机、特种柱塞抽油泵、电机智能控制、数据采集和无线远程传输等技术的集成应用，解决有杆采油系统杆管偏磨和地面漏油等问题。适合低渗井、丛式井、水平井、居民区油井等复杂油井以及页岩气井、煤层气井等非常规能源开采	推力密度80N/kg，耐压3300V；最大检测深度3000m；最高使用温度120℃	与传统三抽设备相比，单井节能30%~80%；综合采油成本降低50%以上；电机平均使用寿命提高40%；泵效≥90%；检泵周期提高1倍以上
30	中深层地岩换热清洁供暖技术	清洁能源设施建设和运营	通过钻取均深2000m的深井，搭配高效换热装置结合热井系统设计，以闭式循环形式提取中深层高品位热用于清洁供暖。整个换热过程均发生在密闭换热装置中，完全实现取热不取水	单口2000m换热井每小时可提供1000kW热量；地面系统寿命（机组及控制等）20~30年，地下热井寿命50年以上	供暖成本6~8元/m²，供冷成本10~12元/m²，生活热水成本2~3元/t(不包含水费)
31	智慧能源管理系统技术	能源系统高效运行	综合通信技术通过具有对等通信技术的工业物联网与工业以太网无缝连接，并通过网络变量捆绑实现去中心化的设备互联互动。采用数据采集与处理模型、调控模型及策略，实现自适应智能控制、能效提升、能源平衡与调度、动态柔性调峰。在统一平台上解决了信息孤岛问题，实现了供用能系统的监控管一体化	工业物联网传输速率≥1Mbps；子网在线率100%；传输误码率≤10^{-6}（光纤模式）；系统响应时间≤1s	能效提升率10%~40%；提高能源保障与安全管理水平，减少运维人员1/3以上
32	太阳能PERC+P型单晶电池技术	新能源装备	以扩散后的PSG层为磷源，利用激光可选择性加热特性，在电池正表面电极位置进行磷的二次掺杂，形成选择性重掺N++层，降低硅片与电极之间的接触电阻，降低表面复合率，提高少子寿命，改善光线短波光谱响应，提高短路电流与开路电压，进一步提升电池效率。在PERC基础上，可实现0.2%~0.3%的转换效率提升	单晶PERC双面电池量产最高效率达23.44%，平均效率达23.22%	每吉瓦光伏电站年均发电10.7亿kW·h，节约34.2万tce，减排$CO_2$78.3万t

续表

序号	技术名称	适用范围	核心技术及工艺	主要技术参数	综合效益
33	燃气轮机干式低排放技术	清洁能源装备	采用贫油预混燃烧模式，控制燃料/空气当量比，实现燃料与空气较均匀预先混合，将主燃区温度控制在1670~1900K之间，兼顾自燃、回火等因素；采用分级燃烧方式，保证低排放燃烧室在各工况下稳定工作；利用先进冷却技术，保证低排放燃烧室火焰筒寿命；切换点及燃料比例调节技术保证低排放燃烧室稳定工作，避免发生回火和振荡燃烧问题	燃烧室出口温度不均匀度应满足燃机整机对周向温度分布系数及径向温度分布系数的要求，燃烧效率≥99.5%	80%~100%工况下，排放烟气NO_x≤50mg/m^3，CO≤100mg/m^3
34	多级多段静态混合碳四烷基化技术	清洁燃油生产	采用"N"型多级多段静态混合烷基化反应器和高效酸烃聚结器结合，以低温硫酸为催化剂，异丁烷与碳四烯烃在反应器中反应，生产高辛烷值汽油调和组分；采用多段烯烃进料进一步提高产品质量、降低能耗；自汽化酸烃分离器实现反应流出物气相、酸相、烃相快速分离及反应热利用；采用高效酸烃聚结器处理反应流出物，取消传统工艺酸洗、碱洗、水洗流程，大幅降低装置废水排放和碱液消耗	产品辛烷值RON96-97，酸耗三、清洁能源产业≤60kg/t，装置能耗≤143.37kgce/t烷油	克服传统搅拌釜式反应器易泄漏、装置检修频繁的缺点；从源头大幅降低因反应器泄漏和反应流出物酸、碱、水洗导致的大量高盐废水排放和碱液消耗
35	轨道交通制动能量综合利用和智慧能源管控系统关键技术	绿色交通	采用基于IGBT的三相逆变、PWM斩波混合型并联技术，实现列车再生制动能量吸收或利用；通过回馈型技术和电阻能耗型技术互为备用，实现经济性和节能性。利用通信网络实时采集和存储各车站、变电所，以及沿线附属建筑等的能源数据，对轨道交通用能情况进行统计分析，实现用能优化管理	全响应时间小于1秒；模块化设计、均流度>96%；直流纹波系数<3%；750VDC/1500VDC直流电压自适应。系统平均无故障时间≥30 000小时；服务器平均CPU负荷率≤30%	按一个城市轨道交通300km规模计算，日节电量约30万kW·h

资料来源：根据国家发展和改革委员会办公厅印发《绿色技术推广目录（2020年）》整理

7.5　广州市2020~2050年碳排放预算空间估算

根据我国碳达峰碳中和"1+N"政策体系，碳达峰是指二氧化碳排放达到峰值，实现碳中和是指全经济领域温室气体的排放，包括从二氧化碳到全部温室气体，通过植树造林、节能减排等形式，抵消自身产生的二氧化碳或温室气体排放量，实现正负抵消，达到相对"零排放"。本研究估算碳排放空间时，2020~2030年的碳排放空间是指CO_2排放总量，2031~2050年的碳排放空间是温室气体排放总量。根据广州市历年温室气体排放清单编制结论，广州市的二氧化碳在排放占温室气体排放总量比例超过了95%，因此2031~2050年碳排放空间的计算方法是基于二氧化碳排放总量预测值上浮 5%。

7.5.1 广州市碳排放预算空间估算方法

本研究采用自上而下和自下而上的方法对广州市碳排放空间进行估算。自上而下的方法是通过人口预测值乘以人均碳排放预测值计算得到的，其中人口预测值来自 7.3 节的计算结果，人均碳排放预测值的取值标准参考了全球已经实现碳达峰国家的人均碳排放下降速率，通过加权平均得到。自下而上的方法则是基于行业碳排放需求预测，并结合低碳技术预见所导致的单位碳强度下降来实现的。通过平衡法在两种方法之间取均值，构成碳排放预算空间。

7.5.1.1 自上而下的碳排放空间预测法

研究团队从全球数据库（Our World in Data）、经济合作与发展组织数据库（OECD Stats）、世界银行数据库（the World Bank Open Data）、世界资源研究所（WRI）数据库等对国别碳排放数据进行了搜索和整理，统计发现，截至 2022 年 1 月，全球已有 54 个国家和地区实现碳排放达峰（表 7-4）；OECD38 个成员国中除澳大利亚、智利、哥伦比亚、哥斯达黎加、韩国这五个国家外，其他国家均已实现碳达峰，已经实现碳达峰的国家占 OECD 成员国 2020 年碳排放总量的 92% 左右（表 7-5）。

表 7-4 截至 2020 年全球已实现碳达峰的国家或地区、达峰时间和峰值水平

达峰时间	国家或地区	峰值 / 万 tCO_2	达峰时间	国家或地区	峰值 / 万 tCO_2
1969 年	安提瓜巴布达	126	1989 年	罗马尼亚	21 360
1970 年	瑞典	9 229	1989 年	百慕大三角	78
1971 年	英国	66 039	1990 年	爱沙尼亚	3 691
1973 年	文莱	997	1990 年	拉脱维亚	1 950
1973 年	瑞士	4620	1990 年	斯洛伐克	6 163
1974 年	卢森堡	1443	1991 年	立陶宛	3 785
1977 年	巴哈马	971	1996 年	丹麦	7 483
1978 年	捷克	18 749	2002 年	葡萄牙	6 956
1979 年	比利时	13 979	2003 年	马耳他	298
1979 年	法国	53 028	2003 年	芬兰	7 266
1979 年	德国	111 788	2004 年	塞舌尔	74
1979 年	荷兰	18 701	2005 年	西班牙	36 949
1984 年	匈牙利	9 069	2005 年	意大利	50 001
1987 年	波兰	46 373	2005 年	美国	613 055

续表

达峰时间	国家或地区	峰值 / 万 tCO_2	达峰时间	国家或地区	峰值 / 万 tCO_2
2005 年	奥地利	7 919	2008 年	新西兰	3 759
2005 年	爱尔兰	4 816	2008 年	冰岛	382
2007 年	希腊	11 459	2008 年	斯洛文尼亚	1 822
2007 年	挪威	4 623	2009 年	新加坡	9 010
2007 年	加拿大	59 422	2010 年	特立尼达和多巴哥	4 696
2007 年	克罗地亚	2 484	2012 年	以色列	7 478
2007 年	中国台湾	27 373	2012 年	乌拉圭	859
2008 年	巴巴多斯	161	2013 年	日本	131 507
2008 年	塞浦路斯	871	2014 年	中国香港	4 549

注：化石能源与工业排放的二氧化碳，不包含土地利用排放

数据来源：OurWorldinData.https://ourworldindata.org/grapher/annual-co2-emissions-per-country?tab=chart[2024-12-20]

表 7-5　截至 2020 年 OECD 成员国碳排放及达峰状态概览

OECD 成员国	达峰时间	碳排放峰值 / 万 tCO_{2e}	2020 年碳排放量 / 万 tCO_{2e}
澳大利亚	—	—	52 773.70
奥地利	2015 年	9 203	7 359.20
比利时	1996 年	15 731	10 643.33
加拿大	2007 年	75 683	67 235.40
智利	—	—	11 231.00
哥伦比亚	—	—	18 073.00[**]
哥斯达黎加	—	—	1 448.00[**]
捷克	1990 年前	19 696	11 278.86[***]
丹麦	1996 年	9 234	4 345.80
爱沙尼亚	1990 年前	4 018	1 155.58
芬兰	2003 年	8 553	4 771.63
法国	1990 年前	57 417	39 941.27
德国	1990 年前	124 192	72 873.77
希腊	2005 年	13 641	7 483.56
匈牙利	1990 年前	9 482	6 281.84
冰岛	2008 年	530	450.96
爱尔兰	2001 年	7 049	5 771.61

OECD 成员国	达峰时间	碳排放峰值 / 万 tCO$_{2e}$	2020 年碳排放量 / 万 tCO$_{2e}$
以色列	2012 年	8 393	7 935.53[*]
意大利	2005 年	59 091	38 124.80
日本	2013 年	140 681	114 812.21
韩国	—	—	70 137.04[*]
拉脱维亚	1990 年前	2 587	1 044.66
立陶宛	1990 年前	4 984	2 018.26
卢森堡	1991 年	1 337	906.49
墨西哥	2016 年	78 554	73 662.96[*]
荷兰	1996 年	24 040	16 391.52
新西兰	2006 年	8 283	7 877.84
挪威	2007 年	5 660	4 927.26
波兰	1990 年前	47 587	37 603.80
葡萄牙	2005 年	8 556	5 745.38
斯洛伐克	1990 年前	7 337	3 700.27
斯洛文尼亚	2008 年	2 157	1 585.14
西班牙	2007 年	44 669	27 474.29
瑞典	1996 年	7 731	4 628.48
瑞士	1990 年前	5 547	4 329.10
土耳其	2017 年	52 831	52 389.72
英国	1990 年前	80 586	40 575.49
美国	2007 年	746 379	598 135.44
OECD	2007 年	279 450	1 437 123.90

注：①表中 *、**、*** 分别为 2019 年数据、2018 年数据、2017 年数据；②由于 OECD 数据库对国别碳排放量的统计时间段为 1990~2020 年，部分在 1990 年前实现碳达峰国家的峰值水平以 1990 年碳排放量计；③墨西哥和土耳其的温室气体排放总量分别在 2016 年和 2017 年开始持续下降，本书认为这两个国家也处于达峰区间；④化石能源与工业排放的温室气体，不包含土地利用排放

资料来源：OECD 数据库

由于不同数据库在计算碳排放量时的时间、边界和维度不同，如 OECD 数据库中国别碳排放量计算不包含土地利用、土地利用变化和林业（LULUCF），碳排放数据时间序列较短，仅列出了 1990~2020 年各国温室气体排放量；在世界银行数据库中，国别碳排放量有多重

统计维度，如生产侧、消费侧、燃料侧等；Our World in Data 数据库中碳排放数据时间序列最长，统计了 1959~2020 年各国二氧化碳排放量，但仅统计了化石能源与工业排放的温室气体。由于统计口径差异，不同数据库中国家和地区的碳排放量和达峰时间及峰值水平略有差异，但不影响对总体态势的分析和判断。

由表 7-4 和表 7-5 可见，已经实现碳达峰的主要是发达国家，可分为自然达峰和气候政策驱动达峰两类。由于 1990 年国际气候谈判拉开帷幕，在此之前达峰的属于自然达峰，如瑞典（1970 年）、英国（1971 年）、瑞士（1973 年），以及比利时、法国、德国、荷兰（均为 1979 年）。1992 年联合国环境与发展大会签署了《联合国气候变化框架公约》，1997 年通过的《京都议定书》首次为发达国家规定了定量减排目标，日趋严格的气候政策促使发达国家更加注意化石能源替代，采取更多的能源减排措施，在 1990 年后，越来越多的国家实现了二氧化碳排放达峰。

基于以上分析，结合广州市开展碳预算制度的政策背景和"双碳"进程，本研究从气候政策驱动达峰的国家中，随机选择三个国家（西班牙、日本、加拿大）进行长时间尺度的人均碳排放年下降率计算，对广州市三种人口增长情景下碳排放空间需求进行预测。

碳排放空间估算情景设置。

情景 1：广州市人口增长高方案下，以 2020 年广州人均碳排放量为基准，参照西班牙的人均碳排放下降率，估算未来满足人口基本生活需求的碳排放空间，勾勒出广州市 2020~2050 年碳排放空间形态。

情景 2：广州市人口增长高方案下，以 2020 年广州人均碳排放量为基准，参照加拿大的人均碳排放下降率，估算未来满足人口基本生活需求的碳排放空间，勾勒出广州市 2020~2050 年碳排放空间形态。

情景 3：广州市人口增长高方案下，以 2020 年广州人均碳排放量为基准，参照日本的人均碳排放下降率，估算未来满足人口基本生活需求的碳排放空间，勾勒出广州市 2020~2050 年碳排放空间形态。

情景 4：广州市人口增长中方案下，以 2020 年广州人均碳排放量为基准，参照西班牙的人均碳排放下降率，估算未来满足人口基本生活需求的碳排放空间，勾勒出广州市 2020~2050 年碳排放空间形态。

情景 5：广州市人口增长中方案下，以 2020 年广州人均碳排放量为基准，参照加拿大的人均碳排放下降率，估算未来满足人口基本生活需求的碳排放空间，勾勒出广州市 2020~2050 年碳排放空间形态。

情景 6：广州市人口增长中方案下，以 2020 年广州人均碳排放量为基准，参照日本的人均碳排放下降率，估算未来满足人口基本生活需求的碳排放空间，勾勒出广州市 2020~2050 年碳排放空间形态。

情景 7：广州市人口增长低方案下，以 2020 年广州人均碳排放量为基准，参照加西班牙的人均碳排放下降率，估算未来满足人口基本生活需求的碳排放空间，勾勒出广州市 2020~2050 年碳排放空间形态。

情景 8：广州市人口增长低方案下，以 2020 年广州人均碳排放量为基准，参照加拿大的人均碳排放下降率，估算未来满足人口基本生活需求的碳排放空间，勾勒出广州市 2020~2050 年碳排放空间形态。

情景 9：广州市人口增长低方案下，以 2020 年广州人均碳排放量为基准，参照日本的人均碳排放下降率，估算未来满足人口基本生活需求的碳排放空间，勾勒出广州市 2020~2050 年碳排放空间形态。

7.5.1.2 自下而上的碳排放空间预测法

首先，着眼于保障工业、建筑、交通运输和农业农村领域可持续发展，从消费端预测煤、油、天然气、电力等全社会用能总需求。其次，立足于满足消费端用能总需求，从供应端预测煤、油、天然气、电力的能源构成及供应量。最后，结合不同能源品种的二氧化碳排放因子，预测全市每年的碳排放量，并据此测算碳排放空间。

在测算能源需求时，参照国家和省的做法，采用情景分析法，对四个能源消费部门（电力、工业、建筑、交通运输）的行业发展速度（主要包括工业增加值年均增速、人均建筑面积增长率、客货运输需求增长率等指标）和节能降碳措施的执行力度（主要包括单位工业增加值能耗下降率、单位公共建筑面积综合能耗下降率、单位居住建筑面积综合能耗增长率、单位运输量综合能耗下降率等指标）设置情景，一般分为基准情景、政策情景和强化政策情景三种情景。

全社会用能需求预测思路：根据工业、建筑、交通运输、农业农村等领域的历史能源消费情况，以 2020 年为基准年，结合全市经济和人口发展趋势、各领域规划发展目标、重大战略、重大任务和重大项目等因素，分基准、政策、强化政策情景，逐年预测"十五五""十六五"期间工业、建筑、交通运输、农业农村领域的用能需求，汇总形成全社会用能需求总量。再结合全市能源发展"十五五"规划、能耗双控目标等指标，对预测结果进行修正。

（1）工业领域：根据工业"十四五"发展目标和能耗双控目标等条件，按照工业增加值占地区生产总值比例到 2030 年稳步提升至 30% 的目标，将"十四五""十五五""十六五"期间全市工业增加值增速分别进行参数设置。结合"十二五""十三五""十四五"历史数据的发展规律，采用自回归差分移动平均模型（ARIMA 模型），对工业领域能源消费进行自然增长预测，以确保重大工业项目和新兴产业发展用能需求。在此基础上，依据工业产业结构优化、用能结构调整、能效提升和电力结构优化等节能降碳政策措施的不同执行力度，设置基准、政策和强化政策 3 个情景，评估不同情景下工业领域分能源品种（煤、油、气、电、其他能源）的用能需求。

（2）建筑领域：将建筑类型分为公共建筑（包括写字楼、商业建筑、医院、学校）、居住建筑（包括城镇居住建筑、农村居住建筑）和建筑业（建筑施工）三类进行测算。根据广州市的人口增长、城镇化率（2020 年 86.6%，2025 年 87.5%，2030 年 88%，2035 年

88.5%）、建筑面积发展趋势，结合商业及其他服务业的发展潜力、居民消费水平、电气化水平、各类建筑单位面积能效水平提升，分别设置基准、政策和强化政策3个情景，预测不同情景下分能源品种（煤、油、气、电）的用能需求。

（3）交通运输领域：将运输方式分为货运交通、城际客运、市内客运3类进行测算，其中货运交通、城际客运分别包括公路、铁路、水路、航空4个子类，市内客运包括公交、地铁、出租车、私家车4个子类。综合分析客货运输周转量年均增速、单位运输周转量能耗水平，以及电力、氢能、天然气、生物燃油等在交通运输领域的替代水平等，分别设置基准、政策和强化政策3个情景，预测不同情景下分能源品种（煤、油、气、电、其他能源）的用能需求。

（4）农业农村领域：在保障粮食安全和重要农产品有效供给的基础上，根据农林牧渔业能源消费历史趋势，预测未来的能源消费变化趋势和能源消费结构变化趋势。考虑到广州市农林牧渔业的能源消费需求相对较小，设置基准、政策和强化政策3个情景下的未来能源消费需求和能源消费结构基本一致。

7.5.2 广州市 2020~2030 年碳排放预算空间及形态

根据广州市常住人口规模预测结果、2020~2023年实际人均碳排放量，参考西班牙、加拿大、日本三国在碳达峰前的人均碳排放增长率，对广州市 2020~2030 年的碳排放预算空间进行估算，结果如图 7-13 所示。在碳达峰期间，广州市的碳排放总量出现缓慢增长，到 2030 年碳预算空间在 1.17 亿~1.22 亿 tCO_2，人均碳排放量约 5.6tCO_2。

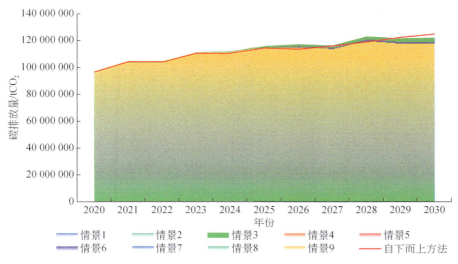

图 7-13　广州市 2020~2030 年碳排放预算空间及形态

7.5.3 广州市 2030~2050 年碳排放预算空间及形态

根据广州市常住人口规模预测结果、2030 年人均碳排放量预测值，参考西班牙、加拿大、日本三国在碳达峰后的人均碳排放下降率，计算出 9 种情景下 2030~2050 年广州市碳预算空间，估算结果如图 7-14 所示。到 2050 年，广州市的碳排放空间在 0.37 亿 ~0.66 亿 tCO_2，人均碳排放量为 1.74~2.93tCO_2。

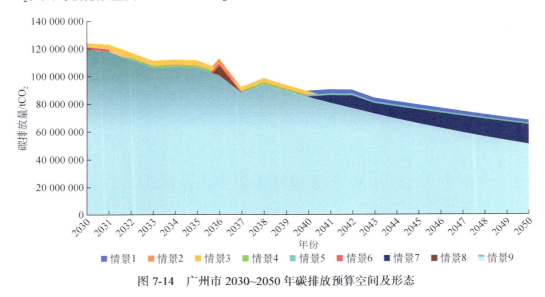

图 7-14 广州市 2030~2050 年碳排放预算空间及形态

7.5.4 预测结果合理性分析

7.5.4.1 两种预测方法的结果比较

在碳达峰期间，自下而上预测的碳排放预算空间比自上而下预测的结果多了 280 万 ~710 万 tCO_2，基于人均碳排放需求的碳排放空间小于基于产业发展的碳排放需求，两种方法预测结果的差距为 2%~5%。在碳中和期间，由于缺乏自下而上的预测数据，难以在短期内对两种方法的结果进行对比分析。

7.5.4.2 人均碳排放预测结果的国别比较

从三个参考国家的碳排放历史数据看，自这些国家实现碳达峰后，在 10~16 年时间内，人均碳排放量下降较慢，如加拿大在 2007 年碳达峰时，人均碳排放量为 18.28tCO_2，2022 年人均碳排放量为 14.9tCO_2；西班牙在 2007 年碳达峰时，人均碳排放量为 8.27tCO_2，2022 年人均碳排放量为 5.32tCO_2；日本在 2013 年实现碳达峰时，人均碳排放量为 10.4tCO_2，

2022 年人均碳排放量为 8.65tCO$_2$。广州市在 2030 年人均碳排放量预测为 5.5tCO$_2$。

从人均碳排放下降速率来看，英国、美国、西班牙、加拿大、日本等国在碳达峰后的 18~50 年，其人均碳排放量累计下降了 19%~58%，越到后期下降速率越快，其中英国近 20 年人均碳排放量累计下降 45%；近 10 年（2012~2022 年），美国人均碳排放量累计下降 10%、西班牙人均碳排放量累计下降 13%、加拿大人均碳排放量累计下降 9%、日本人均碳排放量累计下降 15.7%。广州碳排放空间预测结果显示，在 2031~2050 年的 20 年，广州市人均碳排放量下降接近 50%，落在合理范围内。

7.5.4.3 2050 年碳排放预算总量预测结果的国别比较

从碳排放预算总量看，根据英国政府发布的《第六次碳预算：英国迈向零碳之路》，2050 年英国还有大约 1 亿 tCO$_{2e}$ 碳排放量，比 2023 年英国 3.04 亿 tCO$_{2e}$ 碳排放量下降了约 2/3；广州市 2023 年碳排放总量为 1 亿 tCO$_2$ 左右，2050 年碳排放总量在 0.37 亿 ~0.66 亿 tCO$_2$，按照全领域温室气体排放占比 5% 计，广州市到 2050 年大约还有 0.39 亿 ~0.69 亿 tCO$_{2e}$，是 2023 年温室气体排放量的 37% 左右，与英国预测结果有可比性。

7.5.4.4 碳排放预算强度预测结果的国别比较

经济、技术和人口是影响碳排放总量和强度的三大关键要素，其中经济增长的影响因素较多，技术进步的不确定性较大，人口增长预测具有相对可靠性。本研究以人口规模、人均碳排放水平为基础进行了碳排放预算总量估计，但预算强度的预测值涉及经济增长率，因此需要对碳排放强度预算值进行合理性分析。本研究收集了英国和日本的相关预测数据，由表 7-6 可见，2050 年广州市碳排放预算强度水平与这些国家具有一定可比性。

表 7-6　广州市碳排放预算强度估算值比较（2050 年）　　　　　　　（单位：tCO$_2$/ 元）

国家或地区	人口高增长情景	人口中增长情景	人口低增长情景
中国广州市	0.036	0.046	0.032
英国	0.04		
日本	0.098（2035 年预测值）		

注：①日本数据来自《粤港澳大湾区能源转型中长期情景研究》项目组，2021 年；②根据英国能源安全和净零排放部公布的《第六次碳预算：英国迈向零碳之路》，2050 年英国约有 1 亿 tCO$_{2e}$，GDP 采用的是 2021 年数据，碳强度值偏大

7.6　广州市 2020~2050 年碳预算周期设置

根据国务院办公厅印发的《加快构建碳排放双控制度体系工作方案》，建立产业规划与节能减碳一体化的预算机制。我国国民经济和社会发展规划一般以 5 年为一个周期，因

此考虑到碳预算周期与产业规划期一致，广州市碳预算周期也是以 5 年为一个预算周期（表 7-7），将 2025~2050 年划分为 5 个碳预算周期，每个碳预算周期内的碳排放总量需要经过充分的经济社会影响预评估确定，应合理设定碳排放预算总量，以避免对经济社会发展造成过大负面影响。

表 7-7　广州市 2020~2050 年碳预算周期划分表

预算周期	CB1	CB2	CB3	CB4	CB5
时间跨度	2025~2030 年	2031~2035 年	2036~2040 年	2041~2045 年	2046~2050 年

7.7　广州市 CB1~CB5 碳排放总量预算与强度预算方案编制

根据广东省碳预算编制框架，碳预算方案编制分为碳达峰、碳中和两个阶段，分别编制省、市、行业三个层级，以城市为预算管理主体、行业为实施主体。碳预算方案编制有三个层次，第一个层次是五年碳预算总量；第二个层次是将五年碳预算总量分解到年，形成年度碳预算量；第三个层次是对每一年的碳预算量进行行业分解，形成年度行业碳预算量。

广州市下辖 11 个地区，根据各区划主体功能定位、产业发展布局、人口数量等要素，建立"自上而下"和"自下而上"的碳排放预算需求分解标准，在广州市碳预算总量约束下，根据各区的碳排放需求进行分区的碳预算总量分解。根据本研究收集的广州市相关低碳发展研究报告，发现对市县层级的地区而言，采用"自下而上"方法进行长周期碳排放需求估算存在较大的数据缺失，因此本研究仍然采用"自上而下"方法设置广州市 11 个地区 CB1~CB5 的碳预算总量，人口数据采用 7.3.4 节广州市分区人口规模预测结果。

2024 年 9 月，广州市规划和自然资源局编制印发的《广州面向 2049 的城市发展战略规划》明确提出"三个广州"概念，"老广州""新广州""未来广州"，根据各区基本面重新划定阵营，三个阵营同等重要。其中，"老广州"主要包含荔湾区、越秀区、天河区、海珠区、白云区北二环以南地区；"新广州"主要涵盖黄埔区、番禺区、增城区、从化区、花都区；"未来广州"主要指南沙区。本研究按照"三个广州"划分对 11 个区的碳预算总量分解结果进行分析。为增加可比性，图 7-15~ 图 7-25 的纵坐标均设置 3000 万 tCO$_2$ 为最大值，横坐标均为 2026~2050 年（CB1~CB5）。

7.7.1　"老广州"区域的碳排放总量预算方案

根据《广州面向 2049 的城市发展战略规划》对城市发展格局的部署，荔湾区、越秀区、天河区、海珠区、白云区属于"老广州"。图 7-15~ 图 7-19 展示了五个区域在三种综合情景下 CB1~CB5 的碳排放空间及形态模拟结果。其中，综合情景 1 是参考西班牙人均碳排放下降率估算的广州市高、中、低三种人口增长情景下的逐年人均碳排放量的算术平均值，综合情景 2 是参考加拿大人均碳排放下降率估算的广州市高、中、低三种人口增长情景下的逐年人均碳排放量的算术平均值，综合情景 3 是参考日本人均碳排放下降率估算的广州市高、中、低三种人口增长情景下的逐年人均碳排放量的算术平均值。

由图 7-15~ 图 7-19 可见，白云区的人口最多，在三种综合情景下的碳排放预算空间均大于其他地区，越秀区和荔湾区碳排放预算空间最小。

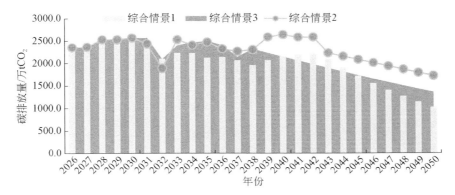

图 7-15 白云区 CB1~CB5 碳排放预算空间情景模拟结果

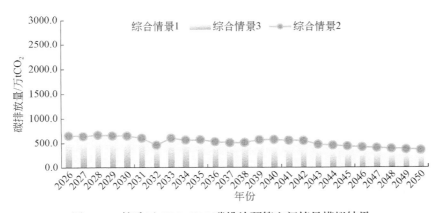

图 7-16 越秀区 CB1~CB5 碳排放预算空间情景模拟结果

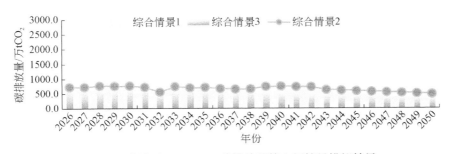

图 7-17 荔湾区 CB1~CB5 碳排放预算空间情景模拟结果

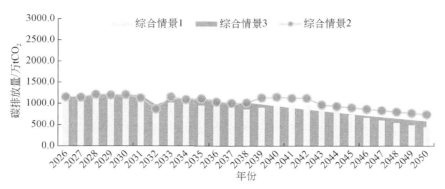

图 7-18　海珠区 CB1~CB5 碳排放预算空间情景模拟结果

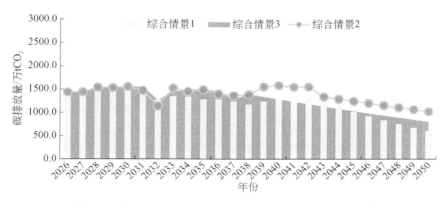

图 7-19　天河区 CB1~CB5 碳排放预算空间情景模拟结果

7.7.2　碳达峰阶段的碳排放总量预算与强度预算方案编制

　　根据国家对碳预算制度的部署，碳排放总量和强度"双控"将替代能耗"双控"成为约束性目标，为此，广州市碳预算总量设置也分为"总量预算"和"强度预算"（表 7-8）。其中，2025~2030 年将碳排放强度降低作为国民经济和社会发展约束性指标，开展碳排放总量核算工作，2030 年后实施以总量控制为主、强度控制为辅的碳排放双控制度。

　　碳达峰阶段也是"十五五"国民经济和社会发展规划期，广州市国民经济和社会发展第十五个五年规划即将出台，本研究综合广州市经济增长前期相关研究的 GDP 增长率，估算出碳排放强度预算值[①]。

---

　　① 广州市"十五五"经济社会发展前期规划研究报告。

表 7-8 广州市 CB1 碳预算总量与预算强度估算值

预算周期	预算年份	碳预算总量 / 万 tCO₂			碳预算强度 / (tCO₂/ 万元)		
		高人口	中人口	低人口	高人口	中人口	低人口
CB1	2026	11 724	11 606	11 539	0.330	0.327	0.325
	2027	11 641	11 487	11 404	0.311	0.307	0.305
	2028	12 320	12 115	12 008	0.308	0.303	0.300
	2029	12 172	11 925	11 801	0.289	0.283	0.280
	2030	12 227	11 933	11 789	0.277	0.270	0.267

注：碳达峰期间不设置人均碳排放下降率的情景，仅有三种人口增长情景

资料来源：本研究计算

7.7.3 至 2050 年的碳排放总量与强度预算方案编制

在结合 3 种人口增长情景和 3 种人均碳排放下降情景的基础上，对广州市 2020~2050 年碳排放预算空间共构建了 9 种研究情景。将 9 种人均碳排放下降情景结果按照人口高增长情景、人口中增长情景、人口低增长情景，分别计算预测结果的算术平均值，得到广州市每个预算周期的碳预算总量与碳预算强度（表 7-9~ 表 7-11）。

表 7-9 广州市 CB1~CB5 碳排放预算总量与碳预算强度（人口高增长情景）

预算期	时间跨度	碳预算 5 年总量 / 万 tCO₂	碳预算强度 / (tCO₂/ 万元)
CB1	2026~2030 年	60 085	0.29
CB2	2031~2035 年	53 071	0.20
CB3	2036~2040 年	47 184	0.13
CB4	2041~2045 年	41 434	0.09
CB5	2046~2050 年	30 049	0.06

表 7-10 广州市 CB1~CB5 碳排放预算总量与碳预算强度（人口中增长情景）

预算期	时间跨度	碳预算 5 年总量 / 万 tCO₂	碳预算强度 / (tCO₂/ 万元)
CB1	2026~2030 年	59 068	0.29
CB2	2031~2035 年	51 407	0.20
CB3	2036~2040 年	45 661	0.13
CB4	2041~2045 年	40 096	0.09
CB5	2046~2050 年	29 079	0.05

表 7-11 广州市 CB1~CB5 碳排放预算总量与碳预算强度（人口低增长情景）

预算期	时间跨度	碳预算 5 年总量 / 万 tCO₂	碳预算强度 / (tCO₂/ 万元)
CB1	2026~2030 年	58 542	0.29
CB2	2031~2035 年	48 547	0.19
CB3	2036~2040 年	41 495	0.13
CB4	2041~2045 年	38 350	0.09
CB5	2046~2050 年	23 598	0.05

7.8　广州市分区的碳预算方案编制

7.8.1　"新广州"区域的碳排放总量预算方案

根据《广州面向 2049 的城市发展战略规划》对城市发展格局的部署，黄埔区、番禺区、增城区、从化区、花都区属于"新广州"。图 7-20~ 图 7-24 展示了五个区在三种综合情景下 CB1~CB5 的碳排放空间及形态模拟结果，其中番禺区的碳排放预算空间在五个区中最大，从化区最小。

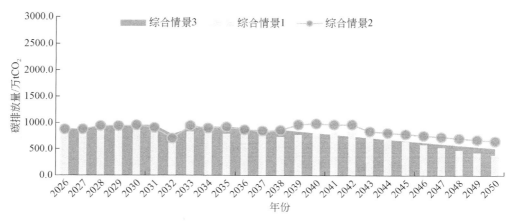

图 7-20　黄埔区 CB1~CB5 碳排放预算空间情景模拟结果

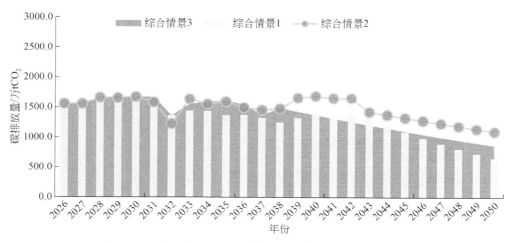

图 7-21　番禺区 CB1~CB5 碳排放预算空间情景模拟结果

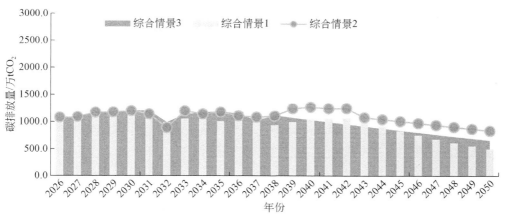

图 7-22 增城区 CB1~CB5 碳排放预算空间情景模拟结果

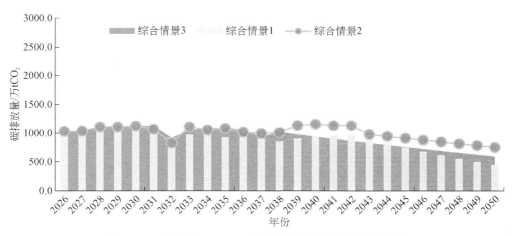

图 7-23 花都区 CB1~CB5 碳排放预算空间情景模拟结果

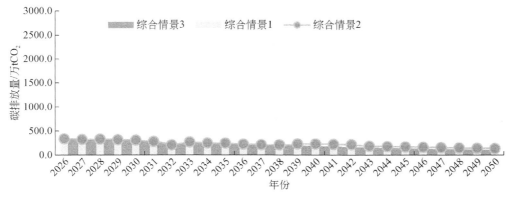

图 7-24 从化区 CB1~CB5 碳排放预算空间情景模拟结果

7.8.2　"未来广州"区域的碳排放总量预算方案

根据南沙区编制的《广州南沙新区国土空间总体规划（2021-2035年）》，南沙区的发展战略定位是将南沙打造为"科技创新产业合作基地""青年创业就业合作平台""高水平对外开放门户""规则衔接机制对接高地""高质量城市发展标杆"，共有7个功能片区，科技创新聚集区、先进制造业聚集区、现代服务业聚集区、海洋科技产业聚集区、战略性新兴产业和未来产业聚集区、港航物流聚集区、现代服务业聚集区。科技、创新、服务是南沙区的城市功能定位，这些产业的特点是低排放高附加值，以及对碳排放需求相对较低，其中万顷沙保税港加工制造业板块占地面积10km^2，仅为南沙全区803km^{2}面积的1.2%，占自贸试验区面积的1/6。因此，南沙区碳排放总量预算较低（图7-25），整体发展较为平稳。

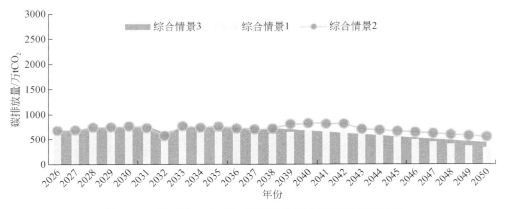

图 7-25　南沙区 CB1~CB5 碳排放预算空间情景模拟结果

7.8.3　小结

第7章以广州市为案例，对广东省碳排放预算管理制度体系建设进行了部分功能的模拟分析。主要内容如下。

梳理广州市作为碳预算管理制度的案例城市的基本情况与制度基础。

对本书建立的人口规模与分布预测模型进行广州参数设置，包括生育参数、平均预期寿命参数、迁移参数，采用队列分要素法、构建人口空间预测法，对广州市2020~2050年逐年的人口规模、人口空间分布变化、劳动力供给等进行预测，为广州市碳排放预算空间估算提供关键输入变量。

结合国家发展和改革委员会印发的《绿色技术推广目录（2020年）》及《广州碳达峰实施方案》中提出的强化低碳核心技术攻关推广内容等，梳理出支撑广州市碳达峰行动的科技行动、核心技术、主要技术参数、综合效益等，为广州市在碳达峰阶段采取"自下而上"

方式预测碳排放预算总量提供依据。

基于国家提出的碳排放"双控"考核要求，估算出广州市 2020~2050 年碳排放总量及强度的预算空间，绘制碳排放总量空间形态；在碳达峰阶段，编制广州市分年度的碳排放总量与强度预算量；在碳达峰迈向碳中和阶段，编制广州市五年一周期的碳排放总量与强度预算量。

对广州市 2020~2050 年碳排放总量进行区域分解，编制 11 个区逐年和五年一周期碳排放总量预算表。按照广州市规划和自然资源局编制印发的《广州面向 2049 的城市发展战略规划》，将 11 个区分为"老广州""新广州""未来广州"进行归纳整理；在"老广州"区域中，白云区碳排放总量最高，天河区次之，越秀区和荔湾区最低；在"新广州"区域中，番禺区碳排放总量最高，从化区最低。从全市来看，未来白云区碳排放总量预算最高，从化区与荔湾区的碳排放总量预算最低。

对碳达峰期间采取"自上而下""自下而上"方式开展的碳排放总量预算结果进行比较，"自下而上"方法的预测结果大于"自上而下"方法的预测结果，即基于人均碳排放需求的碳排放空间小于基于产业发展的碳排放需求，两种方法预测结果的差距为 2%~5%。

对广州市碳排放预算总量预测结果的合理性进行了分析。到 2050 年，英国还有大约 1 亿 tCO_{2e} 碳排放量，比 2023 年英国 3.04 亿 tCO_{2e} 碳排放量下降了 2/3；广州市到 2050 年大约还有 0.39 亿~0.69 亿 tCO_{2e}，是 2023 年温室气体排放量的 37% 左右，与英国预测结果有可比性。

对广州市人均碳排放量预测结果进行了合理性分析。从英国、美国、西班牙、加拿大、日本等国在碳达峰后的人均碳排放量下降速率看，越到后期下降速率越快。广州市在碳达峰（2030 年）后至 2050 年人均碳排放量下降接近 50%，与英国近 20 年（2002~2022 年）人均碳排放下降水平接近，在合理范围内。

对广州市碳排放强度的预测结果合理性进行了分析。到 2050 年，广州市碳排放强度水平在 0.032~0.046 tCO_2/万元，英国 2050 年碳排放强度为 0.04 tCO_2/万元，日本 2035 年碳排放强度为 0.98 tCO_2/万元。

分析发现，对满足人的基本消费需求的碳排放进行削减较为困难，人口规模对碳排放预算空间的影响不逊于技术变革。建议未来强化生活消费碳排放管理。

案例分析部分尚未开展行业碳排放预算方案编制、碳预算方案对经济社会发展的影响分析、碳市场管理制度与碳预算方案衔接机制研究。这些工作需要分行业的经济数据、能源数据、工资、价格、贸易、碳市场配额分配数据、投入产出数据等海量数据支持，才能运用本研究构建的模型开展影响评估，以及发现碳预算与碳市场有效衔接的便捷途径。

第 8 章 构建城市碳预算制度体系的建议

基于国外碳排放总量控制相关实践，结合地区实际，以碳达峰为近期目标、碳中和为远期目标，以五年为周期分别建立碳排放总量预算和碳汇总量预算制度，从碳预算账簿与平台建设、碳预算分配机制、碳预算评估机制、碳预算调整机制等方面开展碳预算制度全流程建设。具体工作建议如下。

8.1 建立碳预算制度体系，完善碳预算管理框架

碳预算管理需要完备、科学的制度保障。2024 年 9 月 19 日，国家发展和改革委员会宣布，将积极推动省市两级建立碳排放预算管理制度，并着手研究制定碳达峰碳中和综合评价考核办法。可见国家层面将建立健全碳预算管理相关制度，特别是针对省市两级要建立碳排放预算管理制度提出了要求。明确碳预算制度在广州市碳达峰碳中和"1+1+N"政策体系的制度定位，提出碳预算制度体系建设总体思路、碳预算建设主要任务、建设流程、部门分工等；内容主要包括预算目标、管理对象、预算周期、年度预算表、进展评估方式、预算调整机制、跨期借贷规则等，体现碳达峰行动与经济产业发展规划的"一体化"性。提前谋划，在碳排放的预算编制、执行、考核以及项目包装等方面形成制度，实现碳排放预算管理的闭环。碳排放的预算编制方面，在全面摸底、准确核算地区碳排放水平的基础上，科学制定碳排放总量控制目标。借鉴现有的能源、碳强度、环境约束性指标等的制定经验，充分考虑区域发展不平衡、不充分的问题，综合社会发展水平、经济增长预期、发展定位、产业布局、能源结构特征、节能降碳空间等实际要素，科学制定分地区分行业的以碳强度约束性目标为主、碳排放总量弹性目标为辅的年度碳预算目标分解方案，激励碳减排的同时保障地区发展空间裕度。碳排放的执行方面，组织多学科领域专家共同编制技术分析报告，包括地区碳达峰多情景和路径分析、碳预算目标的经济社会影响预评估、碳预算与碳市场衔接合理性分析等，构建动态灵活的碳预算执行评估与考核机制，按固定周期对各主体的碳预算执行进展进行评价。构建相应的评价指标体系，包括碳排放总量、碳排放强度、与既定目标差距等关键指标。同时，加强对碳排放的监测和报告，确保数据的准确性和及

时性。项目包装方面，通过优化项目设计、提高项目效率等方式，降低项目碳排放量，实现碳减排目标。同时，应加强对项目的监管和评估，确保项目在实施过程中符合碳预算管理要求。

8.2 构建碳排放统计核算体系，夯实碳预算管理基础

构建碳排放统计核算体系是确保碳预算管理有效实施的坚实保障。应完善碳排放统计核算标准，明确地区碳排放从哪里来，排放量是多少，分行业的分布如何，建立各级政府标准统一的碳排放统计核算方案，明确相关职能部门和重点企业的统计责任，覆盖数据来源、数据处理、数据质量控制等方面；梳理碳预算所需的指标体系；制定各行业碳排放核算统计规范；建立健全碳排放标准计量体系，依托本地产学研成果资源，筹建标准化碳计量实验室，提升碳排放测量和监测能力。实施碳排放管理数字化改革，搭建碳排放管理数字化监管平台，实施"双碳"数智管理，实现碳排放的精细化监测和控制。推动碳排放数据的可视化展示，提高政府、企业和公众对碳排放情况的认知度和参与度。

8.3 锚定碳预算管理关键环节，纵深推进碳减排进程

紧密结合碳预算管理相关政策，聚焦关键领域和核心环节，全力加速碳减排步伐。特别将能源领域作为碳减排的重中之重，要积极遵循"削减煤炭、控制石油、增加天然气、扩大非化石能源"的战略导向，实现能源体系的清洁化与低碳化转型。在工业、交通、建筑等多个领域持续推动绿色低碳发展，采用新工艺、新技术、新材料实现降碳减排。通过绿色产业园区建设试点，实现优化产业绿色布局、挖掘现有项目减排潜力。推广绿色低碳生活方式，打造绿色物流体系，推广绿色出行以及建设低碳城市等一系列举措，不断削减碳排放量，实现推窗见景、移步闻香，推进生态环保与可持续的发展。

8.4 拓展碳资源潜力空间，增加碳排放腾退途径

推进碳减排行动的重要方面在于充分挖掘和利用碳资源的价值。要深化对碳捕集、利用与封存等技术的研发和应用，提高碳资源的利用效率，将其转化为有价值的能源或产品，从而拓展碳资源的潜力空间。一方面，通过持续巩固提升森林、湿地等生态系统的碳汇能力，科学评估其固碳储量和增汇潜力，建设一批高效林竹固碳增汇项目。这不仅有助于吸收大气中的二氧化碳，还能为地区碳排放量提供抵消途径。另一方面，开展低碳科技创新研发，加大"碳中和"技术研发与应用力度，推动清洁能源和可再生能源的广泛应用，从源头上

减少碳排放。要积极发展碳元素微观追踪、碳可视成像等先进技术，为已经产生的碳排放寻找有效的腾退途径。

8.5　完善碳市场建设与管理，推进碳预算与碳交易深度融合与发展

　　碳市场和碳预算均为总量管理制度，但碳预算制度涵盖了碳市场。为避免重复管理或管理规则不同给企业带来混淆，应尽快部署碳预算制度与碳市场机制衔接的研究，包括碳市场的配额总量分配制度与碳预算分配制度、预算调整机制、借贷机制的衔接；碳市场的配额分配与碳预算分配标准和分配周期的一致性；碳市场柔性（抵消）机制与碳预算借贷灵活机制的协同，碳抵消机制参与碳预算管理的方案等。在碳市场中，不同企业之间的配额买卖会造成本地碳排放总量的增减，需要建立分城市、分地区的碳预算账簿，将碳市场交易活动导致的地区碳排放量增减记录在碳账本中，作为碳预算目标完成情况的评估和下期碳预算调整的依据。建议开展碳预算量管理的核算与碳交易"一本账"管理平台建设，将碳市场的交易账本与城市碳预算账本进行连通，为国家和省政府分解碳双控任务提供支撑。推进碳预算管理与碳排放权交易市场的深层次融合，使碳预算成为碳交易市场配额总量设定的基准和指引，同时将碳市场的供求关系反馈到碳预算的设定和调整流程中，形成制度互补。

参 考 文 献

陈晓婷，陈迎.2018.从科学和政策视角看碳预算对全球气候治理的作用.气候变化研究进展，14（6）：
  632-639.

杜栋.2023."碳预算"的关键是做好碳排放统计核算工作.环境与生活，（5）:26-27.

黄震.2023.开展碳预算制度试点 有序推进碳达峰碳中和目标实现.人民政协报，2023-6-30（004）.

惠婧璇.2023.欧盟等经济体碳排放管控主要做法、存在问题及对我国启示.中国经贸导刊，1045（7）：
  26-29.

田丹宇，徐华清.2020.德国气候保护法立法动因、特征及对我国立法的启示.环境资源法论丛，12: 141-
  153.

王社坤.2017.英国《气候变化法》及其启示// 于文轩.环境资源与能源法评论（第2辑），应对气候变
  化与能源转型的法制保障.北京：中国政法大学出版社.

王文军.2010.德国WBGU碳预算方案解析与中国社会科学院方案比较.气候变化研究进展，6（2）:147-
  151.

王文军，潘家华.2010.国际气候方案的福利经济学分析——以"碳预算"方案为例.北京：中国社会科学
  院研究生院.

王文军，赵黛青，傅崇辉.2012.国际经验对我国省级碳排放交易体系的适用性分析.中国科学院院刊，27
  （5）：602-610.

杨儒浦，冯相昭.2023.英国碳预算对我国实施碳排放总量控制制度的启示.可持续发展经济导刊，（Z1）：
  36-41.

杨姗姗，郭豪，杨秀，等.2023.双碳目标下建立碳排放总量控制制度的思考与展望.气候变化研究进展，
  19（2）：191-202.

余永定.2021.准确理解"双循环"背后的发展战略调整.新华文摘，（8）:46-52.

翟振武，李龙，陈佳鞠，等.2017.人口预测在PADIS-INT软件中的应用——MORTPAK、Spectrum和
  PADIS-INT比较分析.人口研究，（41）:97-104.

赵栩婕，王文军，谢鹏程，等.2024.可持续发展与碳排放脱钩模型构建与应用.资源科学，46（11）：
  2194-2209.

Acemoglu D. 2008. Introduction to Modern Economic Growth. Princeton: Princeton University Press.

Acemoglu D, Aghion P, Bursztyn L, et al. 2012. The environment and directed technical change. American
  Economic Review, 102(1): 131-166.

BEIS. 2022a. Provisional UK greenhouse gas emissions national statistics 2021. https://assets.publishing.service.
  gov.uk/media/62447a158fa8f527729bfab2/2021-provisional-emissions-statistics-report.pdf[2024-1-22].

BEIS. 2022b. Final UK greenhouse gas emissions national statistics: 1990 to 2020. https://assets.publishing.
  service.gov.uk/media/61f7fb418fa8f5389450212e/2020-final-greenhouse-gas-emissions-statistical-release.
  pdf[2024-1-22].

Bernanke B S, Gertler M, Gilchrist S. 1999. Chapter 21: the financial accelerator in a quantitative business cycle
  framework// Taylor J B, Woodford M. Handbook of Macroeconomics. Amsterdam: Elsevier.

Brown A, DeSantis R. 2020. Iterative forecasting in demographic studies: methods and applications. Population
  Research and Policy Review, 15(3): 211-230.

Climate Change Committee. 2020. The sixth carbon budget the UK's path to net zero. http://www.theccc.org.uk/publication/sixth-carbon-budget/[2024-1-22].

CITEPA. 2021. Tableau de bord des engagements climat. https://www.citepa.org/fr/politique-ges/[2024-1-22].

Defra. 2021. UK and England's carbon footprint to 2020. https://www.gov.uk/government/statistics/uks-carbon-footprint[2024-1-22].

Engle R F, Granger C W J. 1987. Co-integration and error correction: representation, estimation, and testing. Econometrica: Journal of the Econometric Society,55(2): 251-276.

Federal Ministry for the Environment, Nature Conservation, Nuclear Safety and Consumer Protection. 2021. Federal climate change act (Bundes Klimaschutzgesetz). https://www.bmuv.de/fileadmin/Daten_BMU/Download_PDF/Gesetze/ksg_aendg_en_bf.pdf[2024-1-22].

Fisher B S, Nakicenovic N, Alfsen K, et al. 2007. Issues related to mitigation in the long term context// Metz B, Davidson O R, Bosch P R, et al. Climate Change 2007: Mitigation. Contribution of Working Group III to the Fourth Assessment Report of the Inter-governmental Panel on Climate Change. Cambridge: Cambridge University Press.

Friedlingstein P, O'Sullivan M, Jones M W, et al. 2023. Global carbon budget 2023. Earth System Science Data,15(12): 5301–5369.

Gu B, Wang F, Guo Z, et al. 2019. China's local fertility policies in the era of fertility decline. China Population and Development Studies, 2(4): 347-358.

Gupta S, Bhandari P M. 1999. An effective allocation criterion for CO_2 emissions. Energy Policy, 27(12): 727-736.

Hall B H, Mairesse J. 2006. Empirical studies of innovation in the knowledge-driven economy. Economics of Innovation and New Technology, 15(4-5): 289-299.

Hansis E, Davis S J, Pongratz J. 2015. Relevance of methodological choices for accounting of land use change carbon fluxes. Global Biogeochemical Cycles, 29(8): 1230-1246.

Hastie T, Tibshirani R, Friedman J. 2009. The Elements of Statistical Learning: Data Mining, Inference, and Prediction. 2nd ed. Springer Series in Statistics. New York: Springer.

International Labour Organization. 2020. World Employment and Social Outlook: Trends 2020. Geneva: International Labour Organization.

IPCC. 2021. Climate Change 2021: The Physical Science Basis. https://www.ipcc.ch/report/sixth-assessment-report-working-group-i/[2024-1-22].

Jabbari M, Shafiepour M M, Ashrafi K, et al. 2020. Global carbon budget allocation based on Rawlsian Justice by means of the Sustainable Development Goals Index. Environment, Development and Sustainability, 22: 5465-5481.

Jones A, Smith B. 2010. Temporal deviations in population projections: assessing the role of k(t). Population Dynamics Journal, 8(2): 22-39.

Keyfitz N. 1981. The limits of population forecasting. Population and Development Review, 7(4): 579-593.

Khan I, Han L, Khan H. 2021. Renewable energy consumption and local environmental effects for economic growth and carbon emission: evidence from global income countries. Environmental Science and Pollution Research, 29(9):1-18.

Kuhn M, Johnson K. 2013. Over-fitting and model tuning// Kuhn M, Johnson K. Applied Predictive Modeling. New York: Springer.

Lamboll R D, Nicholls Z R J, Smith C J, et al. 2023. Assessing the size and uncertainty of remaining carbon budgets. Nature Climate Change, 13(12): 1360-1367.

La Rovere E L. 2002. Climate Change and Sustainable Development Strategies: A Brazilian Perspective. Paris: OCED.

Leach N J，Jenkins S，Nicholls Z，et al. 2021. FaIRv2.0.0: a generalized impulse response model for climate uncertainty and future scenario exploration. Geoscientific Model Development，14(5): 3007-3036.

Lee R, Carter L. 1992. Modeling and forecasting U.S. mortality. Journal of the American Statistical Association, 87(419): 659–671.

Lee D, Fahey D W, Skowron A, et al. 2020. The contribution of global aviation to anthropogenic climate forcing for 2000 to 2018. Atmospheric Environment, 244: 117834.

Leontief. 1986. Input-output Economics. Oxford: Oxford University Press.

Li T，Li J，Zhou Z，et al. 2017. Taking climate，land use，and social economy into estimation of carbon budget in the Guanzhong-Tianshui Economic Region of China. Environmental Science and Pollution Research，24: 10466-10480.

Li H，Zhao Y，Wang S，et al. 2019. Scenario analysis of ETS revenue allocation mechanism of China: based on a dynamic CGE model. Environmental Science and Pollution Research，26: 27971-27986.

Liu Z, Shen J. 2014. Urban family patterns and implications for housing policy. Housing Policy Debate, 24(2): 371-389.

Liu Z，Zhang J，Zhang P，et al. 2023. Spatial heterogeneity and scenario simulation of carbon budget on provincial scale in China. Carbon Balance and Management，18(1): 20.

Mankiw N G. 2006. Reflections on the trade deficit and fiscal policy. Journal of Policy Modeling, 28(6): 679-682.

McMullin B，Price P，Jones M B，et al. 2020. Assessing negative carbon dioxide emissions from the perspective of a national "fair share" of the remaining global carbon budget. Mitigation and Adaptation Strategies for Global Change，25: 579-602.

Mercure J F，Pollitt H，Edwards N R，et al. 2018. Environmental impact assessment for climate change policy with the simulation-based integrated assessment model E3ME-FTT-GENIE. Energy Strategy Reviews，20: 195-208.

Meyer A. 1997. Contraction and convergence: the global solution to climate change. http://www.gci.org.uk/trade_mark.html[2024-1-22].

Millar R J，Nicholls Z R，Friedlingstein P，et al. 2017. A modified impulse-response representation of the global near-surface air temperature and atmospheric concentration response to carbon dioxide emissions. Atmospheric Chemistry and Physics，17(11): 7213-7228.

Ministère de la Transition écologique et de la Cohésion des territoires.2022. Stratégie Nationale Bas Carbone(SNBC). https://www.ecologie.gouv.fr/strategie-nationale-bas-carbone-snbc[2024-1-22].

Nieto J，Pollitt H，Brockway P E，et al. 2021. Socio-macroeconomic impacts of implementing different post-Brexit UK energy reduction targets to 2030. Energy Policy，158: 112556.

Nordhaus W. 2013. Integrated economic and climate modeling// Jorgenson D, Dixon P B, Jorgenson D. Handbook of Computable General Equilibrium Modeling. Amsterdam: Elsevier.

OECD. 2022. OECD Employment Outlook 2022. Paris: OECD.

ONS. 2022. GDP & population data. https://www.ons.gov.uk/[2024-1-22].

Redlin M，Gries T. 2021. Anthropogenic climate change: the impact of the global carbon budget. Theoretical and Applied Climatology，146(1-2): 713-721.

Riahi K，Van Vuuren D P，Kriegler E，et al. 2017. The shared socioeconomic pathways and their energy，land use，and greenhouse gas emissions implications: an overview. Global Environmental Change，42: 153-168.

Rogelj J，Forster P M，Kriegler E，et al. 2019. Estimating and tracking the remaining carbon budget for stringent climate targets. Nature，571(7765): 335-342.

Rogers A. 1995. Multiregional demography: principles, methods, and extensions. Population Studies, 49(2): 301-317.

Rosa L P，Ribeiro S K. 2001. The present，past，and future contributions to global warming of CO_2 emissions from fuels. Climatic Change，48(2-3): 289-307.

Rose A，Stevens B，Edmonds J，et al. 1998. International equity and differentiation in global warming policy. Environmental and Resource Economics，12: 25-51.

Saltelli A, Annoni P. 2011. Sensitivity analysis//Lovric M. International Encyclopedia of Statistical Science. Berlin, Heidelberg: Springer.

Shi X B，Zhao X J，Fu Y，et al. 2024. How population mobility shapes climate behavior: mechanisms and evidence from China's floating population. Trends in Social Sciences and Humanities Research，2(7): 84-93.

Shryock H S, Siegel J S. 1976. The Methods and Materials of Demography. New York: Academic Press.

Smith J P. 1997. Population forecasting: issues and methods. Population Studies, 51(3): 317-328.

Smith J, Lee R, Johnson P. 2016. Urbanization, education, and migration patterns of large cities. Urban Studies, 53(2): 34-49.

Smith C J，Forster P M，Allen M，et al. 2018. FAIR v1.3: a simple emissions-based impulse response and carbon cycle model. Geoscientific Model Development，11(6): 2273-2297.

Stern N. 2007. The Economics of Climate Change: The Stern Review. Cambridge: Cambridge University Press.

Stern N. 2008. The Economics of Climate Change. American Economic Review, 98(2): 1-37.

Stiglitz J E. 1989. Markets, market failures, and development. The American Economic Review, 79(2):197-203.

Syverson C. 2019. Macroeconomics and market power: context, implications, and open questions. Journal of Economic Perspectives, 33(3): 23-43.

Thompson R L，Patra P K，Chevallier F，et al. 2016. Top-down assessment of the Asian carbon budget since the mid 1990s. Nature Communications，7(1): 10724.

Tokarska K B，Gillett N P. 2018. Cumulative carbon emissions budgets consistent with 1.5 ℃ global warming. Nature Climate Change，8(4): 296-299.

UNFCCC. 1997. Paper No. 1: Brazil. Proposed elements of a protocol to the United Nations Framework Convention on Climate Change，presented by Brazil in response to the Berlin Mandate. .https://unfccc.int/resource/docs/1997/agbm/misc01a03.pdf[2024-1-22].

United Nations Environment Programme. 2023. Emissions Gap Report 2023: Broken Record–Temperatures hit new highs，yet world fails to cut emissions (again). https://doi.org/10.59117/20.500.11822/43922[2024-1-22].

Wang F. 2018. China's population policy at the crossroads: social impacts and prospects. Asian Journal of Social Science, 46(1-2): 151-177.

Wang H. 2019. Economic centers and migration: a study of young labor force patterns. Journal of Urban Economics, 85: 102-115.

Wang L, Zhang Y. 2015. Regional population density deviations: estimation and application. Demographic Research Quarterly, 11(3): 55-68.

Wang H，Yang G，Yue Z. 2023. Breaking through ingrained beliefs: revisiting the impact of the digital economy on carbon emissions. Humanities and Social Sciences Communications，10(1): 1-13.

World Bank. 2020. World Development Report 2020: Trading for Development in the Age of Global Value Chains. Washington D.C.: World Bank.

World Bank. 2021. World Development Report 2021: Data for Better Lives. Washington D.C.: World Bank.

World Economic Forum. 2018. The Future of Jobs Report 2018. Davos-Klosters: World Economic Forum.

Zhou Y, Li X, Huang G. 2017. Retirement migration patterns and trends in China. Population Research and Policy Review, 36(1): 1-26.

Zhou J F，Wu D，Chen W. 2022. Cap and trade versus carbon tax: an analysis based on a CGE model. Computational Economics，59(2): 853-885.

附录 A　生育参数设定方法

在人口预测中，生育部分的核心指标包括总和生育率、生育模式和出生人口性别比，因为它们共同构成了未来人口结构和规模的基础。首先，总和生育率（TFR）反映了平均每个女性在生育年龄期间所生育的孩子数量，它是衡量生育水平和预测未来出生数量的主要指标。其次，生育模式描述了不同年龄组女性的生育行为，包括生育年龄的分布和每个年龄组的生育率，这有助于理解和预测生育年龄的变化趋势及其对未来人口结构的影响。最后，出生人口性别比（SRB）显示了男性出生数与女性出生数的比例，它对未来的性别结构和婚嫁市场有显著影响。综合这三个指标可以为人口预测提供全面而准确的基础，帮助分析和预见未来的人口动态，为政策制定和社会经济规划提供重要参考。

1. 总和生育率参数设定

本研究采用了高、中、低三种不同的生育率情景，以反映可能出现的不同生育情况（表A1）。

表 A1　广州市总和生育率参数设定（主要年份）

年份	高生育率情景	中生育率情景	低生育率情景
2020	1.14	1.14	1.14
2025	1.2	1.15	1.1
2030	1.2	1.15	1.1
2035	1.35	1.3	1.25
2040	1.35	1.3	1.25
2045	1.35	1.3	1.25
2050	1.35	1.3	1.25
2055	1.25	1.2	1.15
2060	1.25	1.2	1.15

数据来源：本研究预测

1）高生育率情景

高生育率情景反映了在一系列有利条件下，广州市生育率可能出现的上升情况。其中，政策的进一步优化可能是生育率上升的主要驱动因素。例如，政府可能会通过进一步优化生育政策，为家庭提供更多的生育激励，包括提供优惠的生育和托儿服务、税收减免，以及其他相关的社会福利，从而降低家庭的生育成本，鼓励更多家庭生育更多子女（Wang, 2018）。

同时，社会经济条件的显著改善也可能会对生育率产生积极的影响。随着经济的持续增长，家庭的收入水平可能会提高，使得家庭能够承担更多的生育成本。此外，就业市场的稳定和房地产市场的合理调控也可能会使家庭感到经济安全，从而更愿意生育更多子女。

文化和社会价值观的变化也可能会影响广州市的生育率。随着社会的开放和多元化，以及生育观念的逐渐变化，人们可能会更加倾向于生育更多子女。例如，与传统的独生子女政策相比，多子女家庭可能会逐渐被社会接受和鼓励，这也可能会促使家庭增加生育意愿。

在高生育率情景下，这些有利的条件可能会相互作用和加强，从而导致广州市的生育率逐渐上升。据此，本研究在高生育率情景下设定了相对较高的生育率参数，以反映在这些有利条件下，广州市未来人口数量和结构可能出现的变化趋势。

2）中生育率情景

中生育率情景是在当前政策和社会经济条件基本保持稳定的前提下，对广州市生育率可能的变化趋势进行了预测。在这一情景下，预设的生育率变化相对温和，主要是基于对当前生育政策的延续，以及社会经济条件的稳定发展所作的合理假设。例如，政府可能会保持现有的生育政策不变，不会进一步提供额外的生育激励。同时，稳定的社会经济条件可能会使家庭在经济安全感上保持现状，不会显著影响生育意愿。在经济稳定且无额外生育激励的情况下，家庭可能会根据个人和经济条件来决定生育计划，这可能会维持生育率在一个相对稳定的水平。

此外，广州市作为中国的重要一线城市，其社会、经济和文化条件相对成熟稳定，这为生育率的稳定提供了有利条件。与中国其他一线城市的情况相似，即在社会经济条件相对稳定的情况下，生育率变化范围相对较小。同时，广州市政府可能会继续通过各种政策和措施来保持社会和经济的稳定，从而为家庭创造一个相对稳定的生育环境。在这样的条件下，生育率可能会保持在一个相对中等的水平，不会出现太大的波动。

此情景下的生育率设定，旨在探讨在中等的生育激励和社会经济条件下，广州市的人口结构和数量可能的变化情况。通过对中生育率情景的预测，可以为广州市的碳排放管理提供一个中性的预测基础，帮助政策制定者和相关部门了解在这种情景下，人口变化可能对碳排放产生的影响，从而为碳排放管理提供有用的参考。

3）低生育率情景

低生育率情景旨在展现在一系列不利条件影响下，广州市生育率可能进一步下降的情况。这些条件包括社会经济压力增加、生活成本上升、城市化进程加速和可能出现的生育政策调整等。例如，随着广州市的城市化进程不断加速，生活成本可能会持续上升，这可能会使家庭面临更大的经济压力，从而推迟生育或选择生育较少的子女。此外，如果政府在未来调整生育政策，可能会影响到家庭的生育决策，进一步影响生育率。

在此情景下，预设的生育率呈现逐步下降的趋势，反映了在社会经济压力较大和生活成本持续上升的情况下，家庭可能会更倾向于减少生育，以减轻经济负担和保障生活质量。同时，广州市作为国内重要的经济中心，其快速的城市化进程和高房价可能会对年轻家庭构成压力，影响其生育意愿。此外，社会文化价值观的变化和个人生活选择的多样化也可能会影响生育率，使得更多年轻人倾向于选择晚婚和少生育或不生育。

通过对低生育率情景的预测，可以探讨在不利条件下广州市的人口结构和数量可能的变化情况，为广州市碳排放管理提供一个保守的预测基础。这有助于理解在低生育率情景下，人口变化可能对碳排放产生的影响，从而为碳排放管理和政策制定提供有用的参考。

2. 生育模型参数设定

2020 年生育模式设定：2020 年的生育模式参数设定主要依据广州市第七次人口普查的生育模式数据。该数据为预测提供了一个实际的基线，确保预测的准确性和可靠性。广州市的人口普查数据提供了详细的不同年龄组女性的生育率信息，这对于理解和模拟广州市未来生育模式的变化具有重要意义。

2060 年生育模式设定：2060 年的生育模式参数设定参考了联合国人口预测对中国生育模式的设定。根据联合国的预测，中国的生育模式将逐渐变化，如生育年龄可能会逐渐推迟。广州市作为中国的一线城市，其生育模式的变化可能会反映国家整体生育模式变化的趋势。因此，借鉴联合国的预测数据，对 2060 年广州市的生育模式参数进行设定，有助于构建一个更为合理和科学的预测模型。

2020~2060 年的过渡设定：2020~2060 年的生育模式参数设定，考虑了广州市生育模式可能的逐步过渡。通过对不同年龄组的生育率进行逐年调整，模拟生育模式可能的变化趋势。例如，年轻年龄组的生育率逐渐下降，而较高年龄组的生育率逐渐上升，反映了生育年龄的逐渐推迟趋势。这种过渡设定方法有助于构建一个动态的生育模型，能够更准确地反映广州市未来可能的生育模式变化（表 A2）。

该设定旨在准确反映广州市未来可能的生育模式变化，为广州市人口预测提供一个科学和实际的基础。同时，这也有助于更好地理解未来广州市的人口结构和数量变化，为相关的政策制定提供有益的参考。

表 A2　广州市年龄别生育率参数设定（主要年份）

年龄	2020 年	2030 年	2060 年
15~19 岁	0.015 02	0.006 48	0.010 23
20~24 岁	0.133 55	0.124 04	0.078 99
25~29 岁	0.350 68	0.303 40	0.267 30
30~34 岁	0.306 54	0.276 03	0.243 55
35~39 岁	0.146 58	0.175 87	0.226 56
40~44 岁	0.039 95	0.062 59	0.092 71
45~49 岁	0.007 68	0.051 59	0.080 66
平均生育年龄 / 岁	30.54	32.22	33.73

数据来源：本研究预测

3. 出生人口性别比参数设定

本研究采用随机漫步模型设定出生人口性别比的参数。在预测未来广州市的出生人口性别比（SRB）时，随机漫步模型提供了一种能够捕捉历史数据趋势及其固有随机波动的方法，从而使预测更为合理和准确。同时，随机漫步模型的灵活性也允许通过调整模型参数来适应不同的预测场景，增强了预测结果的可信度。

广州市的出生人口性别比在过去的几十年中一直高于正常范围（通常是 103~107），主要受到社会文化偏好和技术干预等因素的影响。然而，随着社会经济条件的变化和政府政策的逐步调整，预计未来广州市的出生人口性别比将逐渐回归到正常范围。特别是，政府可能会通过推行平等的性别政策和提高公众对性别平等意识的宣传来促进出生人口性别比的正常化。

预测至 2060 年是基于联合国及其他相关机构对全球及中国未来人口发展的长期预测，其中包括出生人口性别比的逐步正常化。同时，2060 年作为一个长期的预测时间点，为政府和相关机构提供了足够的时间来采取必要的措施，以期使广州市的出生人口性别比逐渐回归正常范围。因此，通过随机漫步模型结合历史数据和适当的调整策略，为广州市的未来人口性别比提供了一个科学和实际的预测基础，有助于更好地理解和应对未来广州市的人口结构变化及其可能带来的社会经济影响。

1）年度变化的平均值（μ）

年度变化的平均值的计算基于 2000~2020 年广州市出生人口性别比的数据。计算公式为

$$\mu = \frac{\text{最新的性别比} - \text{最早的性别比}}{\text{年数}}$$

根据图 A1 的数据，计算得到：

$$\mu = \frac{114.86 - 117.1}{20} = -0.112$$

因此，μ 的值为 -0.112，表明每年性别比平均下降 0.112。

2）年度变化的标准差（γ）

年度变化的标准差的计算也基于 2000~2020 年广州市出生人口性别比的年度变化。计算公式为

$$\gamma^2 = \sqrt{\frac{1}{N-1} \sum_{i=1}^{N} (X_i - \overline{X})}$$

式中，X_i 为每年的性别比变化；$\overline{X}$ 为这段时间内的平均性别比变化；N 为年数。

根据图 A1 的数据，计算得到的 γ 的值为 0.0582，表示每年性别比变化的标准差为 0.0582。

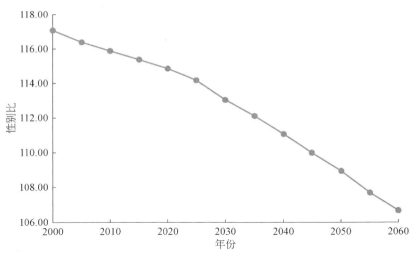

图 A1　广州市出生人口性别比参数（2000~2060 年）

3）随机波动（$\in_t$）

随机波动是一个独立同分布的随机变量，服从标准正态分布。这意味着每年的波动是随机的，但总体上遵循一个正态分布，均值为 0，标准差为 1，即

$$\in_t \sim N(0, 1)$$

4）随机漫步模型

在随机漫步模型中，未来某时刻的值是基于当前时刻的值加上一个随机的波动。在出

生性别比（SRB）的情景中，可以将每年的 SRB 设定为前一年的 SRB 加上一个随机的波动。数学上可以表达为

$$SRB_t = SRB_{t-1} + \mu + \gamma \in_t$$

式中，t 为时间（年），如 2021 年，2022 年，2023 年，…，2060 年；SRB_t 和 SRB_{t-1} 分别是年份 t 和 $t-1$ 的 SRB；μ 为年度变化的平均值，根据 2000~2020 年的数据，它被计算为 −0.112；γ 为年度变化的标准差，根据 2000~2020 年的数据，它被计算为 0.0582；$\in_t$ 为一个独立同分布的随机变量，服从标准正态分布（均值为 0，标准差为 1）。

在模拟过程中，可以使用这个模型从 2020 年开始，逐年计算未来每一年的 SRB，直到 2060 年。如果模拟的结果不满足 2060 年的 SRB 在 103~107 的范围内，可以微调 μ（如本研究选择了增加 1%），然后重新进行模拟，直至 2060 年的 SRB 满足所需的条件。

这个模型通过结合历史数据和随机波动来模拟未来的性别比变化，以实现对 2060 年性别比的合理预测。通过逐步调整模型参数，能够确保模拟结果在合理的范围内，从而为广州市的人口预测提供科学和实际的基础。

附录 B 死亡参数设定方法

1. 平均预期寿命

为了模拟广州市 2021~2060 年的平均预期寿命，本研究构建一个线性增长随机漫步模型。

1）基于线性增长策略

首先，计算了 2020~2060 年的线性增长量。这意味着，假设在没有其他外部干扰的情况下，每年的平均预期寿命将会以一个固定的速度增长。这个增长速度是基于 2020 年的初始值和 2060 年的目标值之间的差异计算的，对应的数学表达式为

$$\Delta_{\text{linear}} = \frac{\text{Target Value (Year}_1) - \text{Value in Year}_0}{\text{Year}_1 - \text{Year}_0}$$

式中，Δ_{linear} 为预期的每年线性增长量；Year_1 为预测期末年份；Year_0 为预测起始年份；Target Value 为期末年份目标值（平均预期寿命）；Value in Year_0 为初始年份平均预期寿命。

2）引入随机波动

考虑到未来的不确定性，每年的预测值都加入了一个随机波动量。这是通过从正态分布中抽取的，其中平均值设为 0，标准差则基于前 20 年平均预期寿命的年度变化计算得到，对应的数学表达式为

$$\Delta_{\text{random}}(t) \sim N(0, \gamma^2)$$

式中，$\Delta_{\text{random}}(t)$ 为在时间 t 的随机波动量；γ 为基于过去年份（2000~2022 年）平均预期寿命年度变化的标准差；γ^2 的数学表达式为

$$\gamma^2 = \frac{1}{N-1} \sum_{i=1}^{N} (X_i - \bar{X})$$

式中，X_i 为每年的平均预期寿命变化；$\bar{X}$ 为这段时间内的平均变化；N 为年数。

3）融合线性增长与随机波动

通过结合固定的线性增长和随机波动，生成每年的预测值，对应的数学表达式为

$$Predicted\ Value(t)=Predicted\ Value(t-1)+\Delta_{linear}+\Delta_{random}(t)$$

式中，Predicted Value(t) 为时间 t 的预测值。

利用此方法，能确保预测的平均预期寿命体现历史趋势，并考虑了未来的不确定性，从而为可能的情境提供预测。

4）情景设置

广州市的平均预期寿命历史数据揭示了一个持续上升的趋势（图 B1），这一趋势不仅表现在总人口的平均预期寿命上，同时也体现在男性和女性的平均预期寿命的提升中。这种长期的上升趋势主要得益于社会经济条件的改善、医疗健康服务的提高以及生活质量的不断提升。若未来不出现重大的社会经济变动或其他可能影响人口死亡的重大事件，如大规模的自然灾害或严重的疫情，预计这种上升趋势将继续保持。

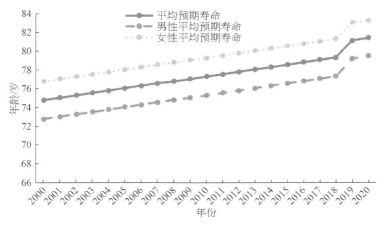

图 B1　广州市平均预期寿命变化趋势（2000~2020 年）

在进行未来人口预测时，为了反映可能发生的不同情况，特别是考虑到未来可能存在的不确定因素和风险，本研究设定了三种不同的情景：高、中和低。这三种情景分别代表了不同的预期寿命增长速度，从而为广州市的未来人口预测提供了一个相对全面和灵活的框架。

（1）高情景设定：预计到 2060 年，男女平均预期寿命分别达到 82 岁和 87 岁。这一设定假定了广州市将保持社会经济的稳定增长、医疗卫生服务的不断优化以及生活质量的持续提升，从而使得人口的平均预期寿命能够保持较快的增长速度。

（2）中情景设定：预计到 2060 年，男女平均预期寿命分别为 81.5 岁和 86 岁。这一设定相对保守，假定未来广州市的社会经济发展和医疗卫生服务优化将以较为稳健的速度前进，从而使得人口的平均预期寿命能够保持适度的增长速度。

（3）低情景设定：预计到 2060 年，男女平均预期寿命分别为 81 岁和 85 岁。这一设定更为保守，假定未来可能会出现一些不利因素，如经济增长放缓或重大公共卫生事件，这些因素可能会对广州市人口的平均预期寿命产生一定的负面影响，从而使得预期寿命的增长速度相对较慢。

通过这三种不同的情景设定，可以为广州市未来的人口预测和相关政策制定提供一个较为全面和多元的参考依据，同时也为可能出现的不确定因素和风险提供了一定的缓冲空间。

2. 死亡模式

从图B2中可以看出，随着年龄的增长，各年份的死亡率都呈现出逐渐增加的趋势。此外，可以观察到以下特点。

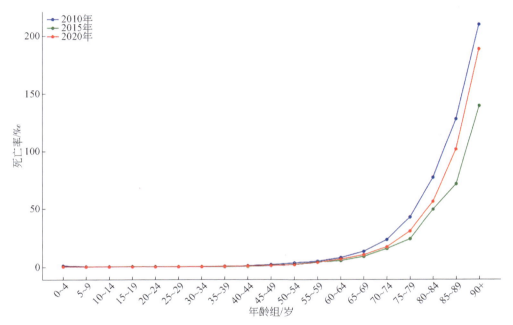

图B2 广州市年龄别死亡率

在所有三个年份中，较低的年龄组（如0~4岁、5~9岁等）的死亡率相对较低。

2010~2020年，死亡率在某些年龄段有所下降，这可能反映了医疗条件的改善和其他与生活质量相关的因素。

在高年龄段，如85~89岁和90+岁，2015年和2020年的死亡率相对较高。这可能与更高的年龄组中的生存人数较少有关，因此单个死亡事件对总体死亡率的影响较大。

从图中可以看出，随着时间的推移，各年龄段的死亡率都有所降低，尤其是较高的年龄段。

冠尔模型生命表通常由四个字母来标记，代表不同的死亡模式。

North（北）：这种模式的特点是，婴儿和儿童的死亡率较高，但随着年龄的增加，死亡率的增长速度逐渐放缓。

West（西）：这种模式的特点是，婴儿和儿童的死亡率较低，随后死亡率的增长速度逐渐加快，特别是在中老年时期。

East（东）：这种模式的特点是，婴儿和儿童的死亡率较低，但在中年时期，死亡率的增长速度加快，然后在老年时期逐渐放缓。

South（南）：这种模式的特点是，婴儿和儿童的死亡率较高，随后死亡率的增长速度逐渐放缓，直到老年时期。

冠尔西区的模式通常描述了发达国家的典型死亡模式，其中儿童和青少年的死亡率相对较低，随着年龄的增长，死亡率逐渐增加，尤其是在老年人群中。通过比较发现，从广州市的历史数据来看，广州市的死亡模式与冠尔西区的模式有很多相似之处。具体表现如下。

低年龄段的死亡率：在两者的生命表中，都可以观察到低年龄段（如0~4岁）的死亡率相对较低。这可能与儿童医疗保健的改进、儿童疾病的预防和治疗方面的进步有关。

中年龄段的稳定性：在中年龄段（如20~50岁），两者的死亡率都相对稳定，并且较低。这可能反映了这个年龄段的人群通常处于健康状况较好的状态。

高年龄段的上升趋势：随着年龄的增长，尤其是在高年龄段（如65岁及以上），两者的死亡率都呈现出明显的上升趋势。这与生物学上的衰老过程和与年龄相关的健康风险有关。

时间趋势：从历史数据中可以看出，无论是在广州市还是在冠尔西区，随着时间的推移，各年龄段的死亡率都呈现出下降的趋势。这可能与医疗条件的改善、生活质量的提高和其他健康干预措施有关。

高年龄段的特殊风险：在85岁及以上的高年龄段，广州市和冠尔西区的死亡率都特别高，这可能与更高的年龄组中的生存人数较少有关，因此单个死亡事件对总体死亡率的影响较大。

这些相似之处表明，广州市作为一个大都市，其社会经济、医疗健康和其他因素与许多发达国家相似，其死亡模式与冠尔西区的模式在多个关键方面都有一致性，这为使用冠尔西区的生命表作为广州市人口预测的参考提供了基础。

附录 C 迁移参数设定方法

1. 迁移规模

从广州市人口迁移的历史趋势看（图 C1），主要有以下几个明显的趋势。

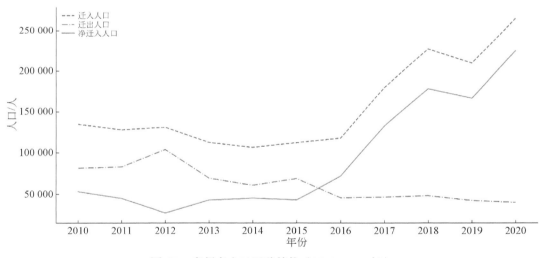

图 C1 广州市人口迁移趋势（2010~2020 年）

（1）迁入人口：迁入广州市的人口数量在 2010~2020 年呈现出一个上升的趋势。特别是在 2016 年之后，迁入人口数量出现了显著增长，直至 2020 年达到顶峰。

（2）迁出人口：与迁入人口相比，迁出广州市的人口数量在这 10 年间变动不大，总体上保持相对稳定。此外，迁出人口数量一直低于迁入人口，这也意味着广州市每年都有净迁入人口。

（3）净迁入人口：净迁入人口在 2010~2016 年相对稳定，但在 2016 年之后开始快速上升。到 2020 年，广州市的净迁入人口达到了一个新的高点。

综合来看，广州市在过去的 10 年中一直是一个吸引外来人口的城市。随着时间的推移，这种趋势变得越来越明显，尤其是在 2016~2020 年，迁入人口的增长速度明显加快。而迁出人口则相对稳定，没有出现大的波动。这些数据反映了广州市作为中国南部的主要经济中心，其经济活力、就业机会和生活品质吸引了大量的外来人口。

对于广州市 2021~2060 年的人口迁移趋势，基于历史数据和当前的社会经济环境，可以作出以下基本判断。

保持正迁入：广州市作为中国的主要经济中心之一，过去十年已经展现出强大的吸引力，成功吸引了大量的外来人口。在未来几十年中，预计这一趋势将继续，广州市仍将保持正迁入。

迁入量下降：尽管广州市有其独特的吸引力，但由于整体的人口负增长和其他大城市的竞争加剧，预计迁入量将逐年下降。一方面，中国的人口已经进入老龄化阶段，并在近几年呈现负增长趋势，这意味着迁入广州市的人口规模将受到限制。另一方面，随着中国其他城市的快速发展，广州市在吸引人口方面的比较优势可能会受到挑战，一些中小城市也在加快城市化进程，提高城市品质和服务水平，吸引了部分外来人口的流向。

到 2060 年基本持平：预计到 2060 年，广州市的净迁入人口将逐渐稳定，与其他城市的竞争力将更为接近，迁入和迁出的人口数量基本持平。这与广州市制定的《广州市城市总体规划（2017-2035）》提出的"以 2020 年常住人口 2000 万为目标"的规划目标相符合。同时，这也反映了广州市在未来将更加注重提高城市内部的空间优化、生态保护、社会公平等方面的发展水平。

总的来说，广州市在未来的人口迁移模式将受到多种因素的影响。随着中国整体人口的负增长和其他城市的崛起，广州市在人口吸引方面的绝对优势可能会减弱。但由于其深厚的经济基础、发达的基础设施和持续的政策支持，预计广州市仍将保持正净迁入状态，尽管这一数值可能会逐年下降。

为了描述 2020~2060 年的净迁移趋势，可以考虑使用一个修正衰减模型，结合指数衰减和线性衰减，并加入随机波动以模拟实际情况中可能的不确定性。模型的数学表达式为

$$f(t)=A \times \left(\frac{1}{1+kt} \right)+B+\text{random\_noise}(t)$$

式中，A 为起始年的值；B 为一个很小的正值，表示期末年的目标值；k 为一个小的正数，表示下降的速度；$\text{random\_noise}(t)$ 为一个时间依赖的随机值，用于模拟年度波动。

给定 2020 年的净迁移量，并使用 Python 来模拟这个过程。如图 C2 所示，随着时间的推移，净迁移量呈现逐年下降的趋势，到 2060 年，净迁移量已经接近持平。在整个过程中，净迁移量都受到随机波动的影响，反映了现实中的不确定性。

这种模型为广州市在未来几十年内的净迁移趋势提供了一个基本的估计，并考虑了多种因素，如人口负增长和广州市在国内的相对吸引力。这些因素可能导致净迁移量逐年下降，并在 2060 年接近持平。

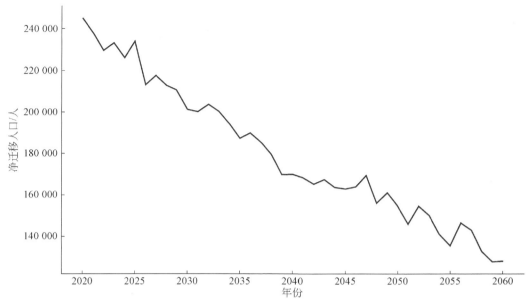

图 C2　广州市人口迁移模型参数设置（2020~2060 年）

2. 迁移模式

迁移模式是指净迁移人口中，各年龄组人口的占比，它是描述迁移人口在不同年龄组中的分布的关键。由于人口普查数据无法直接得到人口迁移模式，本研究采用假想队列法得到迁移模式，即假设 2015 年没有人口迁移，经历生育和死亡变动后得到 2020 年的假想人口，其与 2020 年的实际人口之差，即为 2020 年的净迁移人口，从而得到迁移模式。

1）假想人口的计算

假设 2015 年没有人口迁移。

使用 2015 年的人口数据，考虑 5 年内的生育率和死亡率，计算 2020 年的假想人口。

$$\text{Phypothetical}_{2020}=P_{2015}+B_{2015\sim2020}-D_{2015\sim2020}$$

式中，$\text{Phypothetical}_{2020}$ 为 2020 年的假想人口；P_{2015} 为 2015 年的实际人口；$B_{2015\sim2020}$ 为 2015 ~ 2020 年的出生人数；$D_{2015\sim2020}$ 为 2015 ~ 2020 年的死亡人数。

2）实际与假想人口的差异

使用上一步的结果，将 2020 年的假想人口与 2020 年的实际人口进行比较。

这两者之间的差值即为 2020 年的净迁移人口 Net Migration$_{2020}$。

$$\text{Net Migration}_{2020}=\text{Pactual}_{2020}-\text{Phypothetical}_{2020}$$

式中，Pactual_{2020} 为 2020 年的实际人口。

3）确定迁移模式

为了得到各年龄组的迁移模式（Migration Ratioage group），将上述净迁移人口按年龄组进行划分（Net Migrationage group$_{2020}$）。

计算各年龄组在净迁移人口中的占比。

Migration Ratio$_{age group}$=Net Migration$_{age group 2020}$/Net Migration$_{2020}$

通过以上方法，可以得到如图 C3 所示的 2020 年各年龄组的迁移人口占比。迁移模式为未来的人口预测提供了基础。

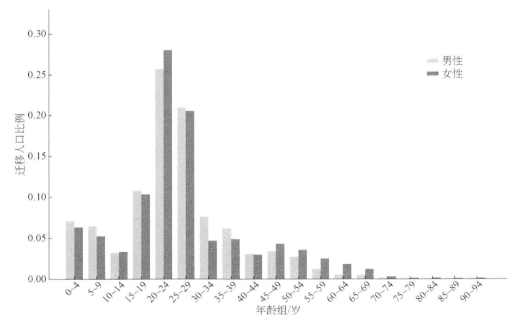

图 C3　广州市人口迁移模式（2020 年）